探索未知的世界

谨以此书献给法国考古协会的同僚们，正是和他们一起，我在过去的25年里，发现了中世纪建筑的伟大与壮美。

志同道合。

神圣建筑的艺术

［法］阿兰·埃尔兰德－布兰登堡 著
徐波 译 曹德明 校

北京出版集团
北京出版社

当大教堂着色时……

到那时，缤纷的色彩使三角楣、小圆柱、

大门三角楣、教堂小尖塔和雕像更为醒目。

红色、蓝色、黄色……圣像因它们而各具身份，

而这部石头艺术的宏大作品亦因它们而被破解。

建筑家为创造结构与雕塑的统一体

而想象出的这种彩色装饰，

赋予竣工的建筑物，

今世已无法企及的宏伟。

中世纪最伟大的设计，

宽达四米之多，

它为此提供了极好的例证。

此图绘有斯特拉斯堡大教堂

外观正面的中央部分。

目 录

当千年后的第三个年头走近之时，几乎全球各地的教堂建筑都在整修翻新，尤以意大利及高卢地区为甚。竞赛之风促使每个基督教团体想方设法拥有比别家更宏伟的教堂。如此这般，就好似连同世界都焕发精神，脱去破敝旧衣，处处换上了教堂的白袍。

《阿德尔的兰贝特家族编年史》，1060 年

第一章
一个新世界

叹服于建筑技术的画师们力求在综合画面中表现出不同的笔法，简单及复杂的工作间的连贯融会。

劫掠时代的终结

较之 5 世纪时野蛮人的入侵，诺曼人的侵略更为致命，更为残酷。阵形严整的军队一次次发起攻击，他们不懈地沿河流上溯，给那里带来了破坏与毁灭。对城市与修道院的围攻，以及为撤围而缴纳的巨额赋税（赔款），使加洛林王朝创建帝国的努力都付诸东流。公元 911 年签订的《圣－克莱尔－埃普特条约》将一片即将被命名为诺曼底的土地归于这些北方人的统治下，这在西欧历史上是至关重要的一笔。

破坏者后来成了建筑者，他们建起了一个跻身于世上最先进行列的国度，然后，他们又踏上了征服其他地区的征程：意大利南方和英国。整个欧洲都被打上了烙印。自这个时代开始，欧洲投身于一场建筑史上非凡的变革之中，其深度和广度是其他文明所无法与之媲美的。

大型帆船和划桨船诞生了，它们船形优美，船只稳定，吃水浅，为维京人（8—11 世纪劫掠欧洲海岸的北欧强盗）提供了极大的灵活性，使他们可轻松登陆并可骑马实行快速出击（见左上图）。

中世纪的建筑革命

不可否认，埃及与罗马在建筑史上留下了独一无二的业绩，前者以其持续的时间见长，后者为时虽短，却跨越了广袤的地域。然而，不论对哪一方而言，它们的大手笔之作只是上层人物的主意，而非出自普遍意愿。

西欧却呈现出一派不同的景象：建筑创造并不仅仅是权力机关的权限；相反，它集诸人智慧而成——从神职人员到政治家，从统治者到农民。由此，建筑创造也几乎涉及所有从城市到乡村的领域：城市建设、政府机构、豪华宗教建筑，等等。

最初时，新建筑均按罗马人的模式建成，但由于其规模束缚过大，这一模式随之被打破。4世纪时为保卫罗马人而修建的城墙圈定了一片无法承受迅速增长的人口的过小的内城。整个中世纪，人们不断对其进行改造、完善和扩展。

迅速增长的人口使中世纪的城市越过了石头围墙的界线。初时，宗教中心周围建起了城镇，留下大片乡村土地，而城墙则是为了维护城镇利益而建的保护屏障和扩张界线。15世纪中期的穆兰（即今阿列河，见上图）正是这一发展的写照。

一个新世界

这个力图通过石头的艺术来显示其前途命运的社会遭遇了人类历史上绝无仅有的一次人口变迁。当然，要用数字来说明这一发展是很困难的。我们已假设在10 世纪和 14 世纪之间，欧洲人口翻了一番。人口增长的数字甚至还被加以精确，600 年左右的人口数为 1470 万，到 950 年，这一数字已变为 2260 万，而到1348 年的大鼠疫之前，人口数已达到 5440 万。某些历史学家更认为 14 世纪初叶时，欧洲人口已达到 7300 万。人口的飞速发展与另两个密不可分的现象有着紧密的联系，即农业技术的发展与城市的兴起。12 世纪上半叶，已达到最高潮的集中开垦极大地增加了耕地的面积；而三区轮作、不对称犁及犁壁的运用使农业产量增加了一至两倍，尽管这一数量相对于现代社会来说仍很低。更为完善的工具、马套绳和肥料的出现及使用都是农业产量迅速增长的原因。而这一增长并不均衡，它因地因业主而异。当时的最高产量出自西都会修士的领地。促使人口增长的另一因素

是城市，这已不是古时主要为政治概念的城市——当然，古时的城市也在促进人民的相互了解，促进征服者与被征服者民族的融合中发挥了积极作用——我们所讲的城市是属于另一范畴的中世纪城市：它最大的特点是交际式的。4 世纪时的罗马下令建造牢固的城墙来保护行政区域，古城面貌由此发生重大变化，而新城又在此基础上迅速发展壮大。至此，城市已发展成“要塞”，同时从城内保护着由外墙围护的土地。

乡村景象与建筑工地一样是综合性的。我们仅用一幅图像（见下图）来表示当时四个不同的步骤：耕地、播种、收割、打谷。在这幅 15 世纪初叶的彩画中，画家把犁上的木结构与金属成分区分开来，力求技法上的精确。

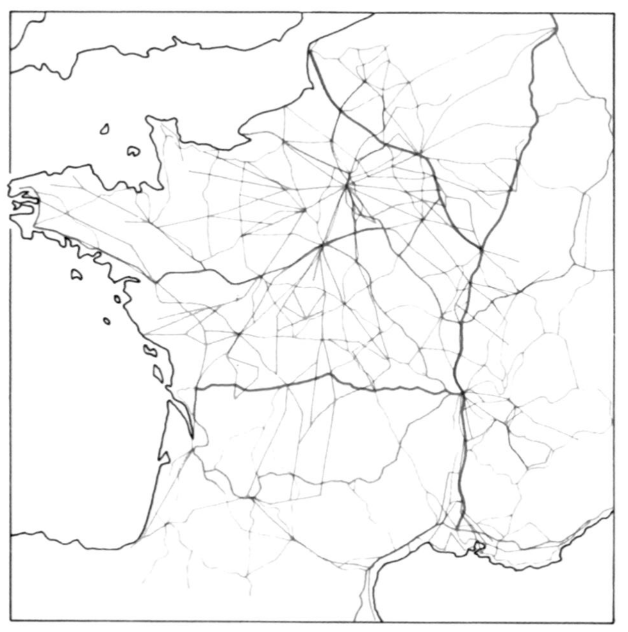

在这张法国地图上（见左图），并列画出了罗马征服者出于战略需要而建造的交通网（以蓝色表示），以及16世纪的公路网（以红色表示）。这可以表明中世纪的法国在基础设施方面的发展变革，如新公路的建造、桥梁的架设、运河的开掘及水道的治理。

中世纪城市

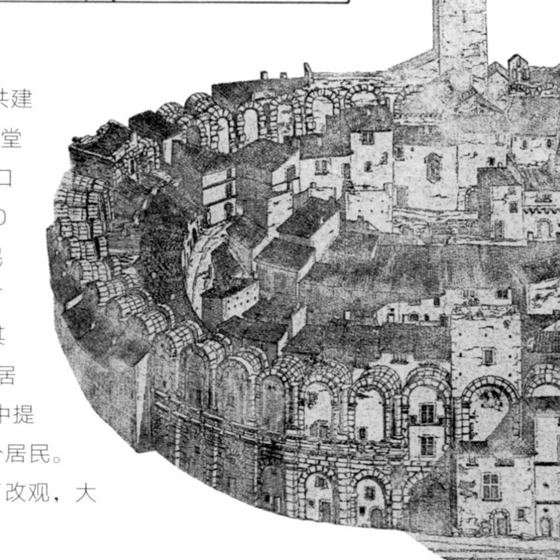

中世纪城市有许多公共建筑，其间不久便会出现教堂的身影。城市的大部分人口仍居住在围墙之外，到10世纪时，“要塞”已被公民政权及居民所抛弃，只有教会人士在此留守，维持其运转，并为为数已寥寥的居民的生计问题操心。文献中提到在博韦有50户约300个居民。但到11世纪，情况发生了改观，大

量人口因这片土壤无法维持生计而涌入城市，他们来此寻求冒险和财富，城市因此得以兴起，或得到再生。在这些来自五湖四海的人民之间，将会产生某种联系，而这种联系将会导致一种城市贵族的出现。

居民间因此而出现的相互联系使这些城市成为活跃的经济及贸易中心。而城乡关系也转为以城市为主，后者为前者服务。城市是市场，是人民会集的地方，同时，城市间也很快建立起了商贸网络。随后，又创建了陆路和水路网：新的道路在开辟，补充了罗马人修筑的战道。这个道路网络的修建服从于贸易的需要并符合土地的实际情况。在法国，它以当时已身为王国首都的巴黎为中心。至于水路交通，则是对众多当时尚未被开发利用的江河进行治理，这些江河将成为黄金水道。

在新建的城墙内，或在修复的如阿尔勒斗牛场的围墙内（见中图），发展起一种手工业活动与农业活动并存的生活方式（见上图）。在城墙内见到专用于饲养牲畜的乡村岛状住房群亦不是新鲜事。在与城市活动的共存中，它们为人们保证了生计必需品。自15世纪开始，砖石结构已开始成为显贵之家宅第的必选，如阿尔勒斗牛场骑士们的宅第。

格列高利改革

伴随着这场政治、领土及城市规划上的巨变，精神心灵也发生了巨变。处于宗教和世俗压力下的教会也着手进行改革。这场改革运动以1073年当上教皇的格列高利七世之名被命名为格列高利改革。而事实上，改革运动远远早于格列高利时代：由贝尔依于910年建于勃艮第的克吕尼修道院便是最早的例证。在基督教尚未征服整个欧洲大陆之前，克吕尼修道院在所有信奉基督教的欧洲地区创立学派。改革运动意在从世俗政权手中夺回教会，其影响极为深远，不仅触及世俗人，也影响到了教士修会。对于教士修会而言，改革的结果产生了建立在认可使徒生活、贫穷与苦修基础上的新修会:格朗蒙修会(1080)、查尔特勒修道院(1084)、西都会(1098)、普雷蒙特修会(1120)。西欧因此而发生转化，要建立一个现代的，更为公正、更具雄心的世界。在这个世界中，人民按三种分工形式而各得其所，即征战者、祈祷者和劳作者。与加洛林时代的决裂其实是因为人

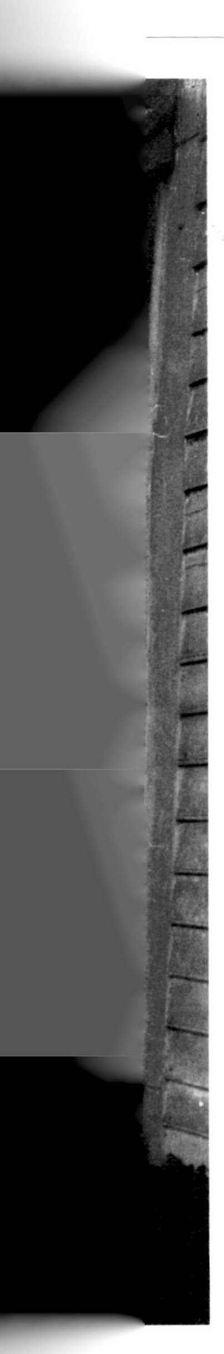

9—12 世纪发展起了板材间相互联结的垂直结构技术。墙体就是由拼接及拼装的材料建成。这种技术又分为两类，视房屋转角中有无支柱而变化。埃塞克斯的格林斯特德教堂的南墙有支柱，属于第一类，而该建筑的其余部分显然是属于无支柱型的（见左页图）。支柱在建筑物内托承屋架。大致自这个时代起，大型建筑物均为砖石结构。绘于 1060 年的图画（见旁图）描绘了可能是在威尔士大教堂中的一座盎格鲁－撒克逊教堂举行的祝圣仪式。绘画者留意绘出由砌合得极好的石块建成的墙体内侧，且连石块间的接缝也被着意突出。

们掌握了史无前例的技术。而对技术的掌握在建筑领域得到了最好的体现。

石与木的辩证

11 世纪的社会面临着新的需求。它必须依照当时尚不为人所知的要求来重新审视建筑：从市政角度，要考虑到带来诸多造桥需求的新建公路网；从军事角度，要满足那些意欲巩固并扩大自己权力的上层及中层领主们的征战需求；从宗教角度，应更好地接待大教堂及堂区中的新信徒，应更好地保证新兴修道院中修士们那远离尘世的祈祷生活。同时，对交通运输的舒适与便利的需求也成为必要。在当时，除了最有意义的建筑，如祭祀礼拜建筑之外，其余建筑皆为木结构。渐渐地，木结构以不规则但不可抵挡之势让位于砖石结构。木匠作用日益变小，其位置也逐渐为砖石工所取代。

城堡瞭望塔所在的土岗

初时，土堡垒在欧洲大部分地区取得了成功，成为不可或缺之物。营建此种结构不需特别知识：取自环形壕沟的泥土被运到中心地带，堆成一个较高、直径较大的土岗。这样，一个“城楼”的构架也就建成了。倾斜的山坡由当时的有刺铁丝网——带刺植物来保护。但事实上，正如11世纪著名的巴约挂毯上描绘的某些场景那样，堡垒的安全丝毫未得到保证：通过投掷燃烧物很容易就可以使堡垒陷入大火。

军事建筑展现出石与木的辩证的全部内涵：土岗上原本立着木结构建筑，后来被砖石建筑所围绕。砖石结构重拾了石筑工事的旧传统，但它却保持了中世纪最初的模式：四方的外观，突兀的高度，极少的孔眼。下图为德龙省阿尔邦的土岗。

砖石的防御

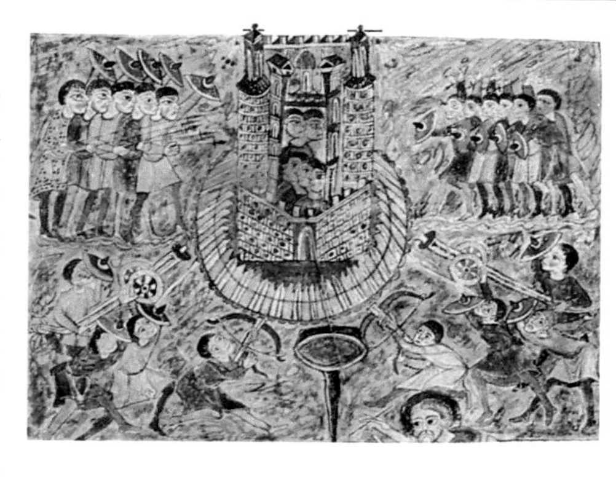

住宅建筑的发展是砖石建筑兴起的有力证据。不过，可以肯定的是，技术上的此种变化与防御需求的增长紧密相连。因此，自11世纪中叶起，编年史的作者们记述了砖石工程的运用，如在布里奥讷的运用。而在接下来的一个世纪，砖石工程将成为通用范例。然而，最初的城堡仍保留了木结构城堡的长方形外观。传统主义不能解释一切：城堡用作住宅，用来庇护华丽的厅堂及居室，其外形及面积、高度均有定规。

至12世纪中叶，领主们舍弃木制城堡，以期享受更为舒适的府邸时，砖石结构仅用于防御。长方形外观设计已被弃置，而让位于中心式设计（如在普罗万、乌当、埃唐普等地区）。

这些极易建造的带城堡瞭望塔的土岗是西欧常见的景致：人们远远地就能将其认出。跨页图那幅叙述了1066年诺曼底公爵征服英伦的巴约挂毯可为此提供多处例证，尤其是进攻雷恩城的一个场景：要登上土岗的制高点，必须安放一个木梯。对堡垒的围攻采取了中心包围战术（见上图）。若楼塔为木制的，进攻者就会将之焚毁；若楼塔是用石头砌成的，他们就会让被围困的人陷入饥渴。

桥梁建筑领域由木材到砖石的过渡并非按步骤进行。建木桥是一项可较快完成的工作，且其所需的专业人员相对较少。

自 1190 年起，菲利普·奥古斯都的建筑师们就开始推广圆形塔楼。至此，木结构几乎已完全绝迹，这大大有利于砖石工程：除了用螺丝固定在厚墙中的楼梯，带穹隆的厅堂和露天阳台的上层结构有时会在凸出部分加入木材，以确保与墙角的呼应。

1944 年美军先头部队登陆欧洲时，情况仍是这样。

桥梁、交通及技术发展

由木材到砖石的变迁体现在市政建设领域。与古代不同，加洛林王朝时代的桥梁通常为木结构。艾因哈德奉查理曼大帝之命为越过莱茵河而建的桥梁是木头的。当这座木桥于 813 年被焚毁时，人们考虑以石桥代之。但此计划因查理曼大帝过世也就不了了之了，此后再也无人提及。诸多加洛林王朝时代的文献都曾提及此类木建筑，它们被用来阻隔曾被维京人的小艇利用的江河河道，但同时，它们也为民众及军士过河提供了方便。此种双重功能持续了大半个世纪。

为方便新兴贸易网，11 世纪期间修建了大量桥梁，将每个庄园领地连接起来。在位于蒙彼利埃附近的马格隆，希望使其教堂与外界连通的主教阿诺一世兴建了一座跨越了多个河塘、长达一公里的桥梁。所有这些桥梁均为木结构。要确定第一座石桥的诞生年月极为困难。不过，在整桥运用砖石工程之前，最早的石桥很可能只有些石桥墩和一个木头桥面。

木桥面虽然易建，但却有些不便之处：其持久性丝毫得不到保障；一旦遇上大洪水，它就会被卷走。而且，它也无力承担频繁的交通。毫无疑问，建筑师们受罗马模式的启发而在很多地方建造了桥梁。到 12 世纪末，桥梁通常都为砖石工程。桥墩安置极为稳固，桥洞的净空及净水高度均得到精确的计算。为迎接特大洪水，桥梁上侧甚至还开了些小孔，以让水流通过。位于卡奥尔的瓦朗特雷桥

13 世纪维拉尔·德·奥内库尔的这幅珍贵的图稿中（见下图）绘有一座 17 米长的桥梁，可能是为跨越山中河流而建的。通过在石桥墩上架设木桥面已可实现这种设计。

石桥想占据主导地位。同时，它要求掌握一种技术，以确保桥梁的稳固性、抗击力及桥洞的净空、净水高度。左图中的古尔·努瓦尔桥约建于 1030 年，它跨越了圣让－德福斯的埃罗河，将热罗纳修道院及阿尼亚纳修道院连接起来：该桥体现了这一时期特有的小石块砌合术，以及运用双拱及侧孔的特点。

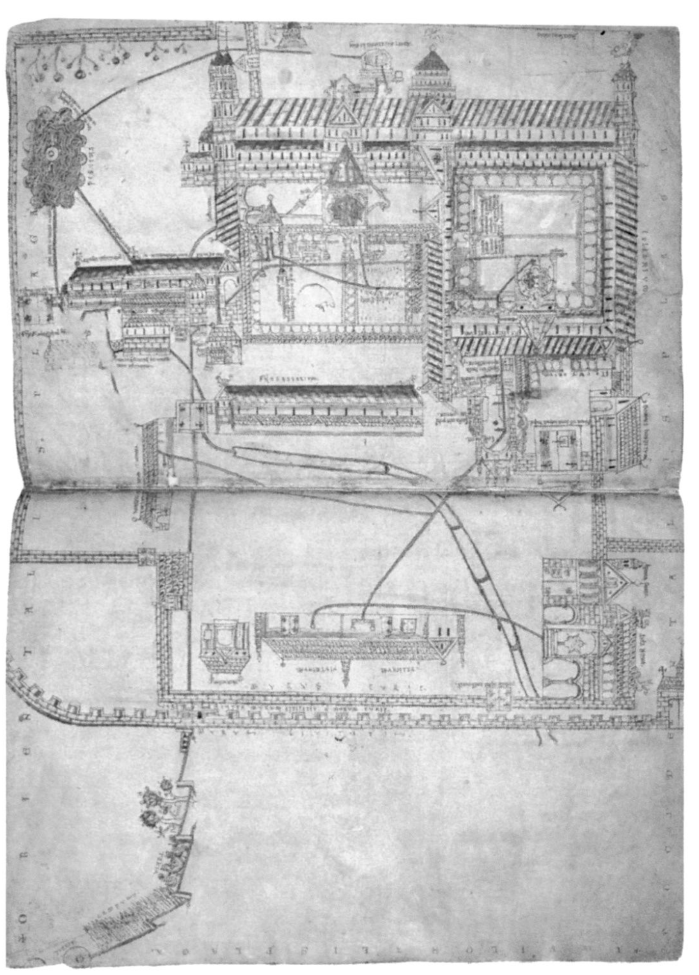

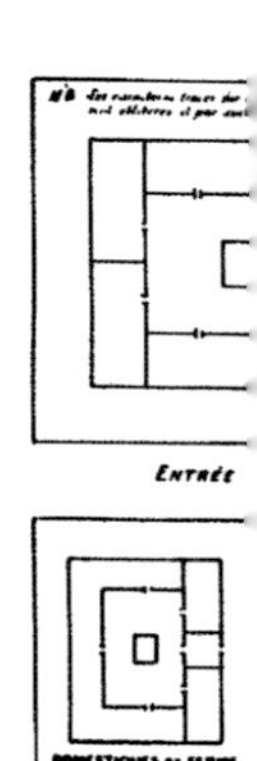

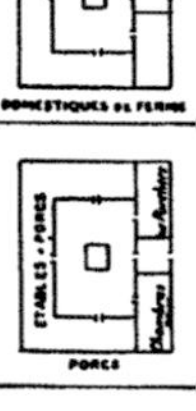

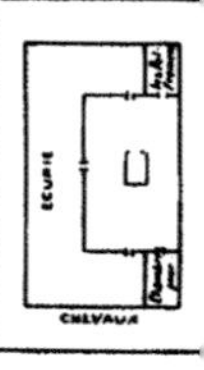

及阿维尼翁的圣贝泽尔桥都显示出建造者们的用心，这样一来，原先经常被洪水卷走的木桥面就可避免这种危险了。

宗教庙宇建筑

在宗教庙宇建筑中，即使是单殿独梁式，也均为砖石结构。著名的圣加尔设计图通过绘图实现了 9 世纪初叶修道院的理想布局，图上绘有一座砖石结构的修道院附属教堂及一些木结构辅助建筑。而到了 11 世纪，砖石结构辅助建筑已开始建造，如著名的位于克吕尼（索恩 – 卢瓦尔省）的圣于格马厩（1049—1109）。12 世纪期间，所

中世纪的建筑家们面临着一个新需求，即在有限的空间安置大量的人口，而且得维持他们的生计。9 世纪初，一张重建瑞士圣加尔修道院的未标注尺寸的图纸（见下图）又提出了一个新挑战：将物质生活与精神生活组织并协调起来。设计者以古罗马公寓房子的结构图为蓝本，将其应用于教堂。1150—1160 年，人们力求解决坎特伯雷修道院用水的循环问题（见左页图）。

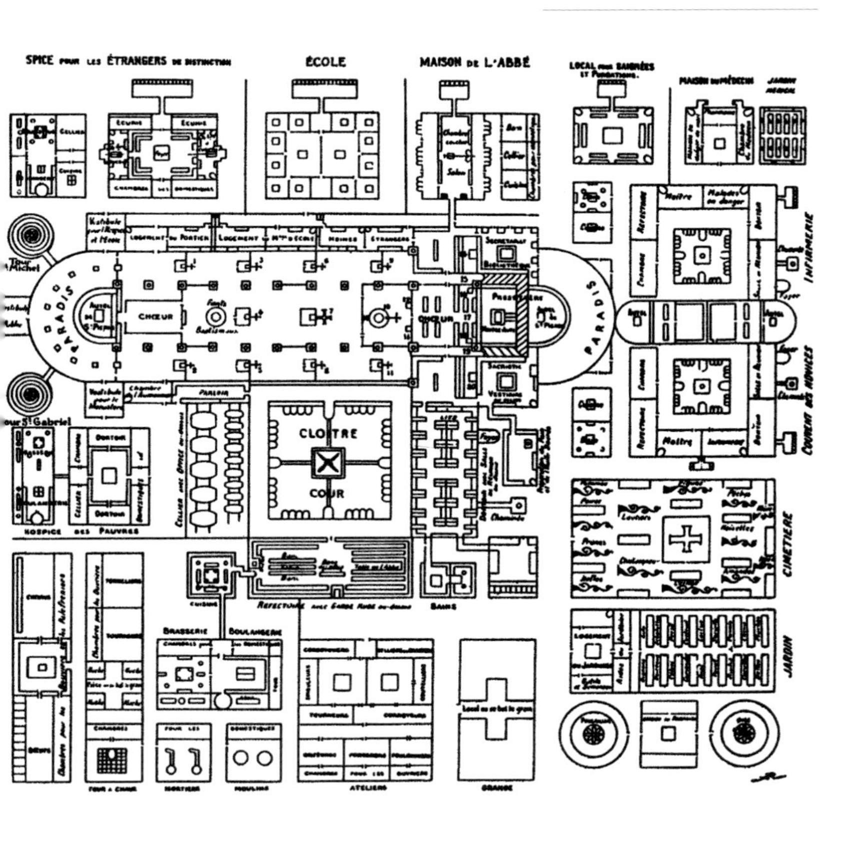

有的宗教庙宇建筑均为砖石结构，此趋势由贵族向平民发展。

12 世纪及 13 世纪的西都会谷仓完全体现了此种普及推广。这些大容积建筑带有砖石外围，内部或由木杆（弗鲁瓦蒙），或由石柱（莫比松）分隔为若干小室。

建筑师们精于防御堡垒的建造，简单的木制脚手架更方便了堡垒的建造。

扩展的城市与新堡垒

最后的笔墨将留给市政建筑。15 世纪民居最普遍的形式是石基与木构架，但在此之前，某些城市中已拥有全部石砌的建筑表面。12 世纪的克吕尼就拥有令人惊叹的此类建筑群，普罗万的上城及维维埃也是如此。此外，也就在这段时期，大城市四周建起了极为宽广的城墙。古城墙显得过于狭小，无法容纳迅速膨胀的人口。况且有时人们还得在一个建筑群中包容下旧城、城市附近的市镇及各种岛状住房群（如图卢兹、阿拉斯、利摩日、巴黎等）。砖石因而再次取代了木堡垒，巴黎也是如此。菲利普·奥古斯都先下令在右岸（1190），接着在左岸（1210）建起一道用以围护 253 公顷土地的城墙。所有这些砖石城墙都砌得很好。从这个时代开始，大、中、小

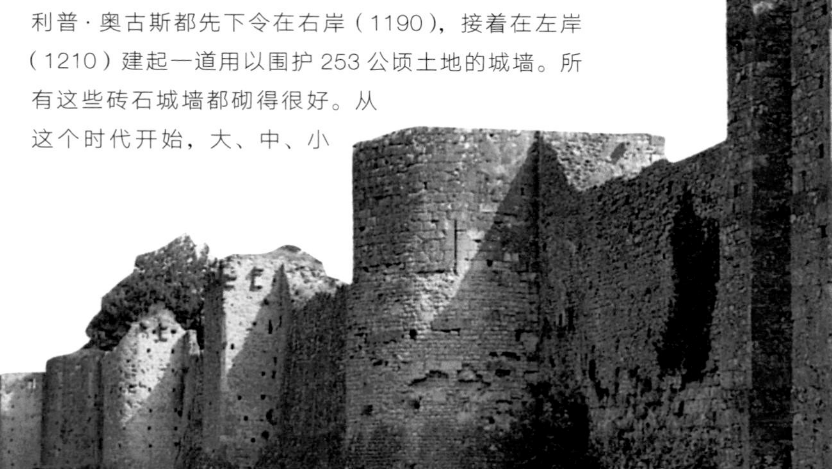

城市都被已不仅仅是起保护作用的城墙环绕。城墙统一起了零散的岛状住房群，更可激起城市居民的爱国心。但有些城墙很快就落伍了，从而有了建造更先进的新城墙的需求。因此查理五世于 1364 年仅仅在巴黎塞纳河右岸地区——富庶的商业区——就建起了一道内围 439 公顷土地的城墙。巴黎亦因此成为欧洲人口最多的城市。

普罗万上城的石城墙适应地壳运动的变化，同时，用于防御的半圆形及多边形塔楼又加固了城墙，因而城墙的寿命要高于周围地区的其他建筑。一片平坦的高地上的坑道保护着城墙的基座。

砖石建筑

石头占据主导地位的过程并非一帆风顺。困难来自于各个方面：造价更高；技术上要求艺术界人士的参与；必须采得原料，以及运输原料；施工过程要求更完善的技术。在这些不可避免的困难之外，还增添了早已出现的人们对大型工程的兴趣。

尽管布拉格是个特例，但从

中我们仍能看出一位努力想把波希米亚王国首都改造成神圣帝国都城的君主的野心。

这其实涉及将一个凌乱的建筑群的政治中心向东移的过程。国王查理四世从 1348 年起在摩尔多河右岸营建一座新城，对旧城形成了半包围之势。他筑起宽阔的马路，有些路面宽达 25 米。尤其值得一提的是，他下令修建了 1650 座全部为砖石结构的房屋。建筑群四周围绕着 3500 米长的城墙。但要创建一座新城，仅有这些是不够的：为满足 85000 位居民的

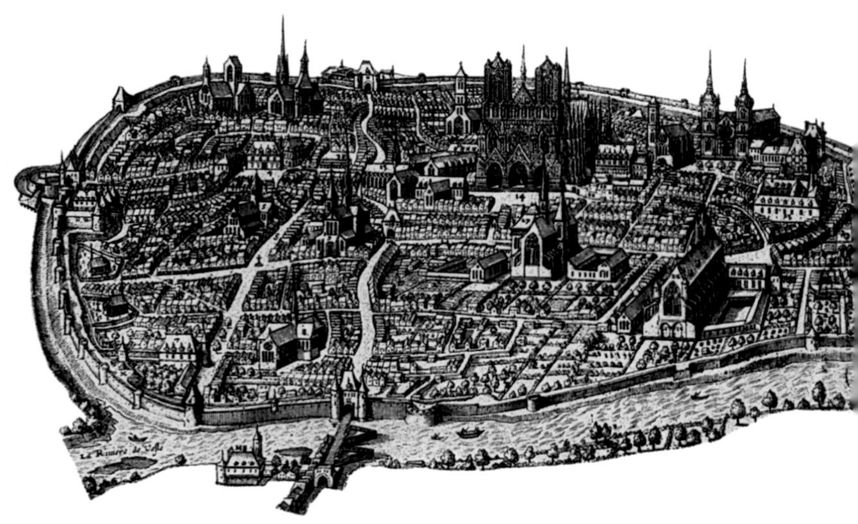

较之防御作用，新城墙的作用更多是心理上的，它使中世纪末的城市中得以并存多个城市建筑群。城市将以这些最初并不协调的建筑群为起点，创建一个新社区。兰斯的城墙（见中图）汇聚起了两座城市：古城（左方大教堂周围）与圣雷米镇（右方修道院周围）。布拉格城中（见右页上图）汇集了三个建筑群：河岸边孤立的宫殿、城区及查理四世时修建的新城。查理大桥（左图）将这三个区域连接起来。

需求，国王又建起了 15 座堂区教堂。他还设立了一个大型市场和一座市政大厦。这个欧洲中心区域引人注目之处就在于只采用砖石建筑：它与由一位法国建筑师马蒂厄·德·阿拉斯设计的大教堂一样与众不同。

查理四世的热情与决心堪与后世库比契克总统媲美，后者于 1957 年动工为巴西修建新都巴西利亚，他为此请来了当时最伟大的建筑家之一：奥斯卡·尼迈耶。

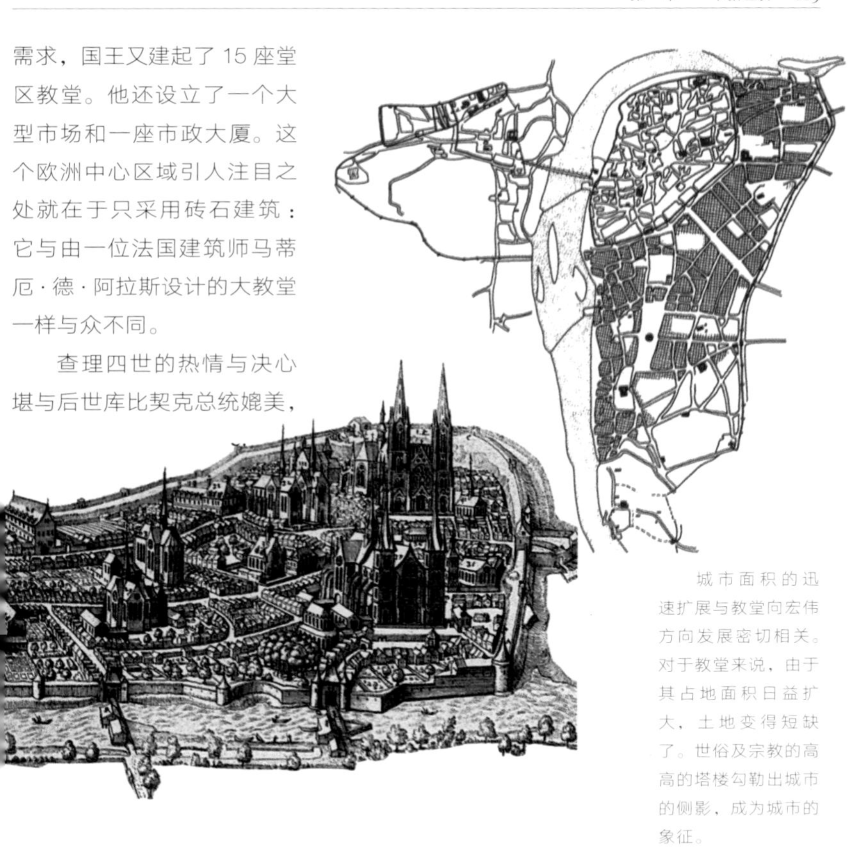

城市面积的迅速扩展与教堂向宏伟方向发展密切相关。对于教堂来说，由于其占地面积日益扩大，土地变得短缺了。世俗及宗教的高高的塔楼勾勒出城市的侧影，成为城市的象征。

教堂的宏大规模

此种令人想起现代大型城市规划工程的宏伟规模并不仅仅触及城市，而是涉及诸多的建筑。自哥特时期开始，长不足 100 米的大教堂已是不可想象的了。此外，教堂的高度已达到了令人目眩的程度：博韦大教堂穹隆下的高度接近 47 米，而斯特拉斯堡大教堂的尖顶高达 142 米。

对宏伟规模的偏爱同样也影响到了某些堂区教堂，其中一部分规模如此之大，以至成了主教座堂，如弗里堡。欧洲各地的教堂都表现出同样的野心，如帝国内的乌尔姆教堂和巴塞罗那的海神圣玛丽教堂。后者为船主及商人所建，他们力求与当时最宏伟的建筑一争高下，并于 1328 年将此工程托付于贝朗热·德·蒙塔居。西都会修道院附属教堂亦是如此，如富瓦尼修道院高 98 米，而沃塞勒修道院有 132 米之高。某些修道院的规模与城市相仿，如在丰泰弗

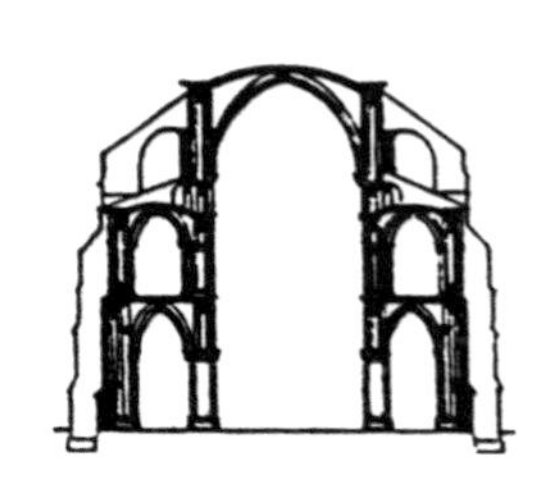

劳，其四个修道院设计得如同街区，它们分别是格朗穆提耶修道院、玛德莱娜修道院、圣拉扎尔修道院与圣让修道院。而市政建设在这方面也毫不逊色：布拉格那座跨越了摩尔多河的查理大桥就长达513米。

多样性与普及

今天要评判发生在中世纪的这个建筑领域的举动是困难的。大量的建筑物已经不复存在，其中的一部分已经消失了很长一段时间。然而，其余用作防御的建筑，只剩下了一些残迹，很大一部分需要史料与图片资料来证明，但它们依然具有说服力。法国在拥有这项财富方面就具有代表性：整个国土上都分布着这样的建筑物，其中的一些在建筑史上占有举足轻重的地位。当然，目前我们还不会将笔墨集中于法国中部、巴黎及其周边地区。这一切要等到16世纪以后。

“深层次的法国”绝大部分保留了中世纪的面貌，不仅

砖石结构可实现人类不断加高建筑物的梦想。对此，巴比伦之谜通常是中世纪最有力的例证。凡·艾克的这幅画中（见左图）绘有象征圣芭芭拉的塔楼，这也是图中还画有石匠工地的依据。哥特式建筑见证了世世代代的人在不断增加教堂中厅尖形穹顶高度时所表现出的大胆的意愿，他们探索到了新的技术手段：约建于1160年的拉昂教堂的尖形穹顶高24米（左页左下图），1260年重建的沙特尔大教堂的穹顶高37米，1225年修建的博韦教堂的穹顶高46.77米（见下图，从左至右）。

城市的整体规划要符合土地的情况，现代的城市由于地势普遍比较平坦而缺少变化。而在15世纪时，在纪尧姆·勒维尔的领地里，设计者就紧紧抓住了地势的跌宕起伏。位于多姆山(见下图)的蒙泰居城楼充分体现了它的意义：高高在上，俯视平川。

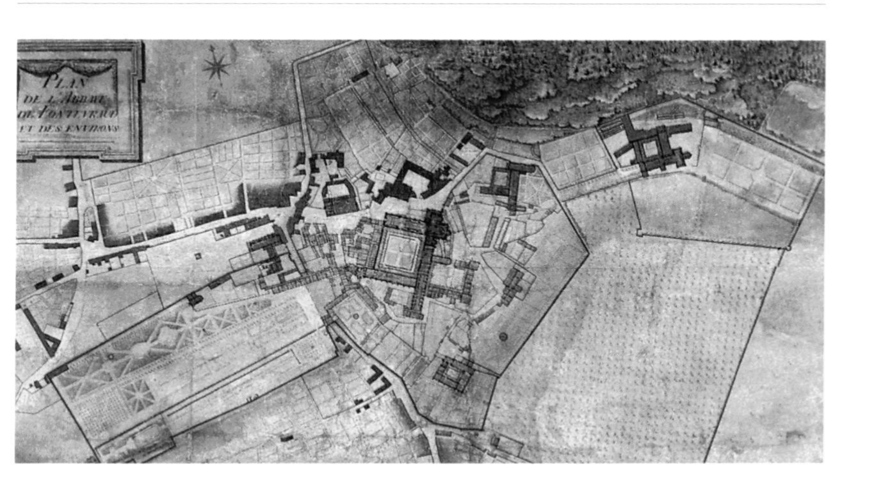

仅是建筑，还有村镇的布局。一些学者对此留下了深刻的印象，毫不犹豫地得出了以下的结论："在三个世纪的岁月中，即 1050 年到 1350 年，法国人用了几百万吨的石头建造了 80 座大教堂、500 座教堂及几万座小教堂。在三个世纪的时间里，法国用去的石头比古埃及在它的任何一个时期用的石头都要多——尽管光是大金字塔就有 250 万平方米。"让·然佩尔的这篇文章，选自他的《大教堂的建造者》(1959)，具有很强的现实性。建筑史上的这场中世纪的革新不仅包括宗教建筑，还涵盖了民用、军用及市政建筑。那一幕丰富多彩。

由于绘画出现层次的划分，中世纪的画师得以表现地势的变化（左页上图）。相反，18 世纪的建筑师在绘制丰泰弗劳修道院（见上图）的建筑样图时，只关心建筑物的方位与布局。他们忽视了最核心的东西。

“如果没有高贵的建筑师，就不可能有高贵的建筑物。”在一本7世纪中期的文献中，国王在向一位修道院院长要一名建筑师时，做了如上解释。具有丰富学识的智人、“科学家”、建筑大师，事实上，建筑师在任何情况下都绝不是从工地的经验中积累才能的简单实施者。

第二章
建筑师

在一块石板上曾刻有兰斯主教圣尼盖斯的建筑师——于格斯·里贝尔吉耶（逝于1263年）的像。他手中捧着建筑物的模型，披着长袍，这些显示了他的上层社会地位。量尺、角尺还有圆规是唯一能表明其职业的物件。

业主与建筑师的关系建立在互相信任的基础上。设计师对这一点了解得很清楚，将两者置于平等的位置上加以表现。在这幅 13 世纪的绘画中（见左上图），麦尔锡的盎格鲁－撒克逊国王（757—790）正在与修建圣阿尔班教堂的建筑师交谈。

与前面的时期相比，11 世纪建筑师的活动有了特殊意义：它源自于宫廷。统治者、国王或者皇帝，是建筑业最主要的投资者。从中世纪到文艺复兴前期，是投资方投资最为多样的时期。这就可以解释这段时期建筑的丰富性与多样性。当然，统治者们在自己的领域里继续表现得十分活跃：宫殿、防御工事，有的并不满足于此，建造或重新规划城市，如 14 世纪的查理四世在布拉格和查理五世在巴黎的所为。除了统治者，做这件事的还有修道士、主教、修道院院长、神父或议事司铎；世俗人中有领主、团体、城邦或协会。业主的组成呈现出前所未有的丰富性。

投资人与工程项目的诞生

同时，业主与建筑师之间的关系也有了变化，这样有助于在协商的方式下更加容易地展开工程，也有助于吸引投资，建造更雄伟、更精妙的工程。

对于建筑业来说，投资人拥有决定权：他是项目的发起者，他负责资金问题。他选择建筑师并保证工程的进行。通常，他的过世对工地往往是一个灾难：工程被停止或延缓，原来的计划也被修改。1151 年，由于修道院院长苏格尔去世，圣

圣热梅－德弗利教堂的一扇彩绘玻璃上绘有皮埃尔－德威森库特修道院院长与他的建筑师交谈的画面，还包括大量石块与挖土的工人（见上图）。中间，这幅著名的15世纪的皮埃尔·德·科勒桑的作品展示了如何在业主和建筑师双重的指挥下修建乡村屋舍。

德尼修道院大教堂的改建工程也被迫停止，直到将近一个世纪以后的1231年才得以重新开始，而总体构图与原先已大相径庭。就像今天一样，重大工程的开幕与那些奇特、充满幻想且异于常人的人物有着密不可分的联系，有时他们的野心与那些分析工程所需资金的人的“务实精神”完全格格不入。这其中包括许多特别的人，主教有11世纪初沙特尔的圣福勒贝尔主教、1160年巴黎的莫里斯·德·苏里；修道院院长有11世纪初第戎圣贝尼尼和贝尔奈圣母院的纪尧姆·德·沃尔皮亚诺；统治者有12世纪的菲利普·奥古斯都、13 世纪的弗雷德里克二世；大领主有富尔克·内拉；还有城市社团：佛罗伦萨、米兰、锡耶纳……没有他们，那些大教堂、城堡、市政大厦、桥梁将永远不可能存在。这些建筑的出现是一个善行，对社会生活的繁荣昌盛来说不可或缺。这其中也少不了权力的介入。1033 年，布卢瓦伯爵厄德下令建造了一座横跨卢瓦尔河的大桥。同一年，阿尔比大教堂的教务会不得不修建了一座桥，作为补偿，他们得到了领主的权力。1251 年，卡奥尔的行政官下令建造了新桥，此后，他们还于 1306 年修建了瓦朗特雷桥。在意大利，是佛罗伦萨、奥尔维耶托、锡耶纳的市政官们促成了当地大教堂的修建。此外，有的领主为了赎罪而修建了医院。这些不同的业主造成了建筑过程中的诸多困难。

业主与建筑师的关系建立在清晰而又明确的文本的基础上。合同在 13 世纪流行起来。1468 年，为了雇用建筑师汉斯·哈默建造斯特拉斯堡教堂，起草了一份写在羊皮纸上的文书（见下图），上面共盖了五个印章：出资方（圣母教堂），骑士汉斯·鲁道夫·冯·恩丁根、彼得·肖特，资产管理人安德烈·哈克斯马切尔，以及税务员孔拉德·阿梅尔比尔热，五人都是条约的签字人。其中将绘制教堂讲坛的任务交由汉斯·哈默负责。

巨大的赌注

在修建斯特拉斯堡教堂正面的过程中，方案几经改变，这是由于主教和城市之间长期的紧张关系造成的，即便是 1263 年的合约对此也无能为力。如同整个 13、14 世纪提出

的其他无数个方案一样，第一个方案被否决了。市政官员无法接受被排除在这座标志性建筑的建造活动之外。在锡耶纳，人民参与了新教堂的建造，由此造成了方案的多次变更，迟迟不能确定。在米兰，1387 年的修建委员会成员超过了 105 人，到了 1401 年，更是差不多有 300 人，这就给决定制造了困难。始于 13 世纪前 30 年的大教堂建造民主化进程通常与财政困难相连，而“普遍同意”则有利于解决这些困难。

无论是个人、集体还是协会，都是由业主先聘请建筑师，之后再以较精确的方式确

虽然我们并不了解详情，但可以断定兰斯大教堂（见下图）的建造必定签订了合约。教堂的正面于 1255 年以后完工，建筑师大幅度地修改了原先的方案，以适应当时的风格。

业主并不一定是男人。在这里，是吉拉尔·德·鲁西永的妻子贝尔特指挥一切。在修建韦泽莱的玛德莱娜大教堂时，她就相当于业主（见左图）。这幅绘于1448—1465年的绘画，还指明了工地附近的丈量石块的工棚和尚未完工的墙，用稻草覆盖以防冰冻。

定工程项目。从10世纪末到11世纪初，业主通常不得不面对一个严峻的事实：缺少具有足够资格的专业人才来实现他的野心。伟大的建筑需要全面的人才。在加洛林王朝时期，确实存在过具有良好素质的建筑师，而到了后来却再也找不到这样的人才了，由于雄伟的建筑物的消失，一切都必须从头做起。

许许多多的业主有着特别的作用，虽然他们不能代替建筑师实现自己伟大的梦想。他们制订规划，激励所有的人加倍地发挥出自己的才能。他们可以是教士、主教或修道院院长，也就是那些熟知古代文化的智者，了解自己想要与之媲美的建筑。那不仅是他们自己，也是那些他们想要使之信服的建筑师的参照物。当然，当时的建筑全貌与今日的有很大不同：许多古代雄伟的建筑物依然存在，一直可以上溯到古代帝国，甚至是更早的时代。它们通过自己的存在与抵抗岁月的能力，证明了大胆与果断在建筑业中的合理地位。

“所罗门王为耶和华建造的神庙长60肘尺（法国古长度单位，约半米）、宽20肘尺、高25肘尺……所罗门王（见下图）花了7年的时间建造它。”为了完成这一雄伟的建筑，所罗门王用了3万名劳役、7万名搬运工、9万名采石工人、3300名监工。布尔日的建筑师（见右图）是否想与这一伟大的创举一比高低？

神职人员

15世纪末的某位艺术家的这幅画想说明作为业主最重要的职责就是挑选具备天赋的建筑师。温切斯特主教纪尧姆·德·威克姆（1324—1404）是牛津新学院和温切斯特大学的创始人，由他负责建造的建筑物呈现了新的风格。

纪尧姆·德·沃尔皮亚诺、高泽林、莫拉尔……这些积极的权贵亲临工地，鼓舞人心。有关高泽林于1026年毁灭性的火灾之后在圣贝努瓦的活动的资料十分详尽：他命令建造一座塔楼，石料由水路从讷韦尔运来。由于他的苛求，他遇到了困难，可最后他还是解决了这些困难。也正是他们，要求建造时使用切削过的石料，而不是大部分的建造者乐于使用的用铁锤弄碎的石块，这样一来，接缝处就不需要用泥灰填充了。正因如此，1023年，当编年史学家站在欧塞尔那些方方正正的石块前面时，禁不住心醉神迷。同样是这些人，革新了建筑物的布局，包括鲁昂、沙特尔和欧塞尔大教堂祭室周围的回廊……很快，革新的举动将蔓延至教会建筑的整体。

诺曼底公爵征服英国之后，知识分子掌握了大权，如贡杜尔夫于1077年担任了罗切斯特的主教。他被认为“在担任建造者的工作中，学识渊博，颇具成效”。新国王委任他建造罗切斯特大教堂、能容纳60名僧侣的修道院及其他许多工程。

12 世纪，图尔的大主教伊勒德贝尔（1125—1133）亲自测量地基，计算宫殿的尺寸，而毫无疑问的是，当时专门的建筑师行业已经初具规模。从此，人们会请专业人士，而神职人员则转而负责工地的管理工作，正如雷蒙·盖拉尔在图卢兹的圣塞尔南所做的那样。

必须承认，这项工作并非轻而易举，而是需要特别的才能。

安德烈·德·米西僧侣以不同的方式重建了沙特尔大教堂，它开始由沙特尔的主教圣福勒贝尔主持修建，并于 1037 年由其继任者蒂埃里完成。从此，它变成了哥特式建筑，而地下室被保留下来。在绘画（见左下图）的上半部分可以看出教堂的正面（左边）和教堂后部的圆室（右边），中间隔着长长的有侧道的正厅和中殿。

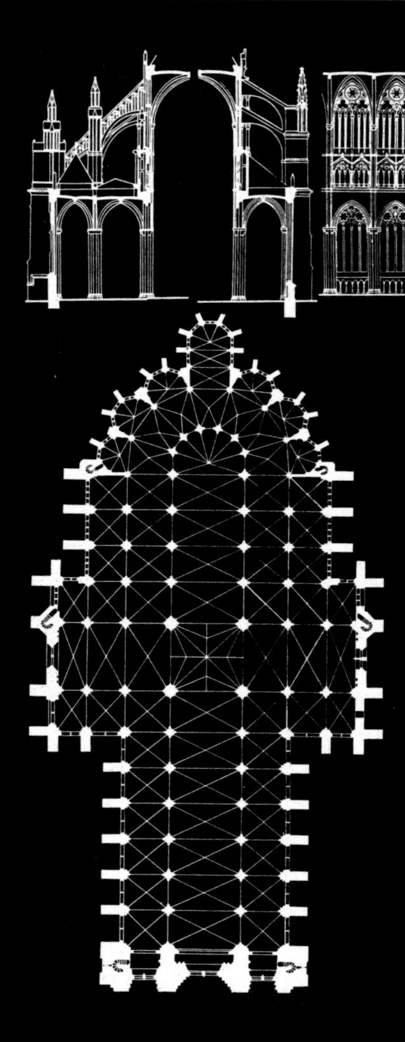

法国的帕特侬神庙

维奥莱·勒·杜克对亚眠大教堂的哥特式建筑情有独钟。它是中世纪最宏伟的建筑，其内部长133米，外部长145米，占地7700平方米，教堂内部的空间体积达20万立方米。这项工程最初由主教埃夫拉尔·德·富尤瓦发起，他于1220年将建造的任务交给了建筑师罗贝尔·德·吕扎什。1288年，教堂内部曲径的完工标志着大教堂的落成。第一批参与建造的神职人员和其他建筑师有若弗鲁瓦·德·厄、阿努尔·德拉皮埃尔、热拉尔·德·孔希、阿洛姆·德·纳利、贝尔纳·德·阿贝维尔、纪尧姆·德·马松；托马·德·科尔蒙和其子勒诺为第二梯队。

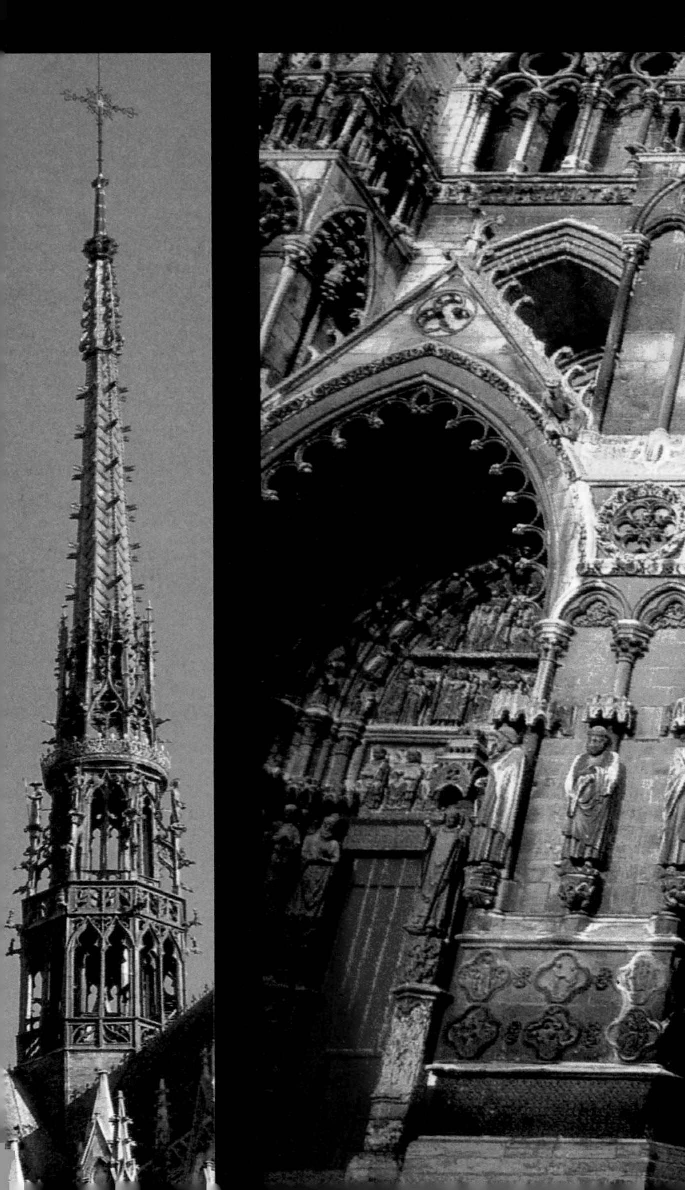

圣母的荣耀

为亚眠大教堂宏伟的建筑增色不少的精美的雕刻原先全部在建筑物的外部，在祭廊撤销以后，内部也有了一部分的雕刻。雕刻主要表现的是圣母，这也是建造大教堂的目的所在。建筑的正面是雕刻集中的地方，中间是上帝的塑像，下面是圣母像，上面则是圣菲尔曼像。除侧柱、三角楣、头线上的雕像之外，还有圆雕饰、扶垛正面的十二先知像、犹太王国历代国王的雕像，以及圣母像。耳堂的南翼，圣母的金像占据了显眼的位置，而三角楣的侧柱上则是亚眠第一任主教圣奥诺雷的塑像。

西都会修士在这个方面享有盛誉，正如圣茹安－德马尔讷的拉乌尔，他最终成为修道院的院长；或如圣贝尔纳的兄弟，初学修士长阿夏尔，他负责建造了许多修道院，包括1134年建于雷纳尼的伊梅罗修道院。至于若弗鲁瓦·德·埃聂，他被派往了英国的万泉修道院；罗贝尔被派往了爱尔兰；还有一个旺多姆圣三会的僧侣让，被他的院长派去协助勒芒的主教伊勒德贝尔·德·拉瓦丁（1096—1126），他拒绝重新回到原来的修道院。

上图是正在建造中的德国舍瑙西都会修道院。

12 世纪最大的特点，就是专业化。西都会修士出于经济上的考虑，在这一方面起了带头作用。与克吕尼修道院只注重脑力活动不同，西都会修士将体力劳动也视为一种祈祷。1111 年，格雷古瓦·勒格朗在西都会修道院院长圣艾蒂安·阿丁的指示下，记录并绘制了题名为“工作道德”的手稿，由于表现了僧侣们劳动的情况而具有不菲的价值，左页下图是僧侣们在伐木。从 14 世纪初开始，西都会修士将修道院的图画刻在木头上，并于 15 世纪末广为流传。上图是圣罗贝尔·德·莫莱斯姆、圣奥宾和圣艾蒂安·阿丁将西都会修道院模型献给罗马教皇。模型刻画的是修道院内部的情况，周围有木篱相围。

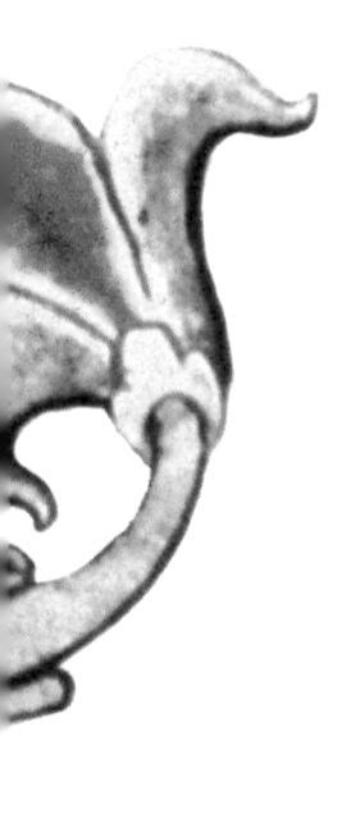

现代建筑师

建筑工地变得越来越复杂而难以管理，专职人员的出现成为一种必然。11 世纪下半叶，现代建筑师的地位确立，他们根据业主的要求，制订方案、绘制图纸，并将其付诸实践。我们可以毫不犹豫地列出他们的名字，如戈蒂埃·德·科尔朗被纪尧姆的妻子英国女皇艾玛选中，在普瓦捷重建圣伊莱尔教堂。

在他们以后，即 11 世纪最后的 30 个年头，建筑师们在业主的要求下，敢于承建更为大胆的工程。直到那时，特别大的建筑物

的厅堂用的都是木制的构架（如卡昂地区的修道院）。圣马丹－迪卡尼古修道院建有拱顶，但其跨度却不超过3.5米。这个时期，人们开始建造跨度达8米、高21米的拱顶，如图卢兹的圣塞尔南教堂。同时，与古典建筑不同，这些拱顶并没有繁多的支柱支撑：这样做无疑增加了风险，容易导致事故的发生，如1120年克吕尼发生的拱顶崩塌。但是，修道院事先做了木制的沉重的构架，风险就没有这么大了。我们可以想象，这些敢于向传统建筑挑战的人给他们同时代的人带来了多么大的震撼。无数的文件证明了这一点。

圣地亚哥－德孔波斯特拉是著名的朝圣之圣地，吸引着无数的信徒前去瞻仰查理曼大帝时期被奇迹般发现的基督使徒的圣体。国王阿方索二世在那里建造了朝圣用的教堂，城市在它周围发展起来（见上图）。1183年，马蒂厄负责了大教堂的翻新。他还建造了著名的门廊（见左图）。三角楣上，圣雅克坐着，陪伴他的是使徒和先知，上面是基督。

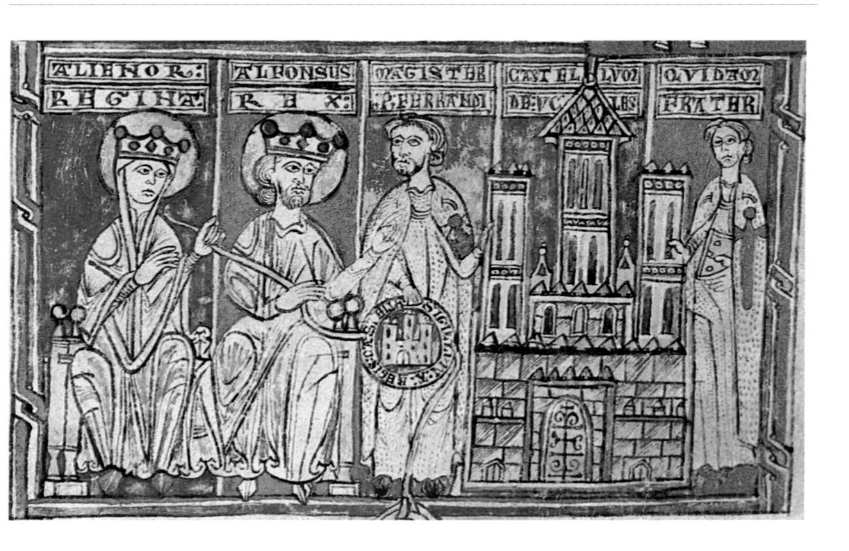

12 世纪的一幅珍贵的手稿（见上图）向我们展现了出资人和建筑师在一起的画面。建筑师费尔南德斯向阿方索八世和他的妻子阿丽埃诺尔（坐着的两个人）展示了乌克莱斯城堡的正面图。国王于 1170—1175 年将城堡赐给了圣雅克的骑士。

以史为证

约写于 1139 年的《圣雅克朝圣者指南》的作者特别提及了圣地亚哥 - 德孔波斯特拉大教堂的设计者："为真福者雅克修建教堂的雕刻师是老贝尔纳——一个真正的天才——和罗贝尔，此外还有 50 个雕刻工协助他们。负责指导他们工作的是副本堂神父、教务会长主席塞雷盖多和修道院的院长根德辛多。"我们对那个老贝尔纳知之甚少，最近才发现他以前曾造过桥。此外，普遍认为他的建筑知识源自法国，因为他采用的草图与比利牛斯山另一面的风格相似。他并不是单枪匹马，帮助他的都是善于切削石块的能工巧匠，而不是在当地很普遍的拿着铁锤碎石的工人。罗贝尔无疑是工地的代理建筑师，至于塞雷盖多和根德辛多，他们负责的是工地的行政事务。要完成这样一项工程，就必须采用在其他地方被证明可行的方法。

12 世纪，建筑师越来越频繁地被提及，同时，用的措辞也越来越谄媚。凡尔登的建筑师加林于 1131 年后被誉为同行业中的佼佼者，可与所罗门神庙的建造者提宇（今为苏尔）的伊罕相提并论。建筑师的名声也招来了嫉妒。巴约的女伯爵处死了建造过皮蒂维耶塔楼的建筑师，为的是怕他们日后建造出同样辉煌的建筑。

最早的哥特式建筑

难道还有必要解释为什么如此多的建筑师在哥特式艺术的初期默默无闻吗？如果他们声誉过高，就势必会掩盖那些业主的光辉。修道院院长苏格尔的事例就是一个很好的证明。他记录下了重建修道院过程中的每一个细节，却对建筑师的名字绝口不提。难道他想把这建筑史上开创了一个新时代的功劳全归于自己吗？这样的沉默是经过一番深思熟虑的。他留下了大量自己的形象，谁也不能将笼罩在他身上的荣耀掩

在加洛林王朝的圣德尼修道院大教堂的重建过程中，修道院院长苏格尔是其中的活跃分子。1151年，死亡却阻止了他将这项伟大的工程进行下去。用以连接西面的建筑与半圆形后殿的殿堂成了他永远的遗憾。出于对其工程的自豪之情，他将自己的像留在了半圆形后殿的彩绘玻璃上、其中一所小教堂的镶嵌画上（见下图）、正门的雕刻上、基督的脚下，每一幅图上的姿势都十分虔诚。长方形教堂不仅在雕刻上，也在建筑上突破了罗马的传统。右图的回廊就是一个很好的例证。

盖住。然而，当时建筑师的塑像已经得到了广泛的认可。1175年，为了建造乌赫利大教堂，主教和议事司铎与伦巴第人雷蒙签订了一份合约：后者与其他4名伦巴第人将用7年的时间完成这项工程，包括建造拱顶、钟楼和一个穹顶。

从这个时期起，对建筑师的建筑要求开始用书面的形式记录下来。这不仅仅局限于建造教会建筑，也适用于建造防御建筑。德勒的伯爵罗贝尔三世加特布雷要建造一座城堡，他于1224年10月与博蒙勒罗歇的建筑师尼古拉签订了合同。他在合同中明确地指出，建筑师应参照诺让塔楼的式样，即高35米，直径为25米，承包的价格为1175磅巴黎

币，业主只负责供应石料、沙石、石灰和水。而建筑师的职能是掌握全局，由他支付工人的工钱。

激烈的竞争

业主毫不犹豫地将建筑师们推进竞争的激流中。1174年，坎特伯雷大教堂遭遇了毁灭性的火灾，而它的重建就是一个很好的例证。在这可怕的一幕面前，神职人员叫来了好几位建筑师，一些来自英国本土，另一些则来自法兰西岛。他们要经过一番细致的考察，仅从中选出一位。最终，他们选择了纪尧姆·德·桑斯，后者的分析能力给他们留下了深刻的印象：他分析了哪些地方必须拆除，哪些地方可以安全地保留下来。于是他留了下来，即刻开始了工程，然而一场来的不是时候的疾病让他卧床不起，并最终回到了家乡。他的继任者，英国的纪尧姆依照原来的方式继续工程的建设，从而很好地体现了源自法兰西的审美情趣，神职人员接受了这一切。

这样在英国的土地上就出现了第一座哥特式建筑。在这样一个深受罗马传统影响的国度里，它显得格格不入，从而注定要忍受长久的孤寂。

在英国出现源自法兰西岛的哥特式建筑，并不是出于偶然，而是因为选择了一位法国的建筑师纪尧姆·德·桑斯来重建坎特伯雷大教堂（见左图和下图）。我们对其在英国的活动一无所知，然而他必定有丰富的经验，从而征服了那些神职人员。他是一位专家，懂得用一种具有革命意义的风格来建造建筑。

专业建筑师

专业的建筑团体开始出现。但由于卷入了政治事件，即卡佩家族和金雀花家族争夺法兰西的控制权而发起的无情的斗争，这一形式只持续了一代人的时间。最后，金雀花家族在各个领域占了上风，他们中的亨利二世（1154—1189）为了巩固刚刚夺得的胜利果实，决定在被征服的地区加强防御。帕佩·罗尔斯提到了好些建筑师的名字，其中的一些可能是英国人，如阿尔诺特；最多的是法国人：罗歇·昂格内、里夏尔、砌石工莫里斯、拉乌尔·德·格拉蒙。正是他们建造了杜夫尔、日索尔及许多地方的建筑。

菲利普·奥古斯都（1180—1223）恢复了这一形式并使之得到了重大的发展。1189 年到 1206 年间，16 位能力超群的建筑师在失而复得的土地上筑起了堡垒，以保卫王国。国王甚至组织了一个委员会，并亲任主席，以听取各方的建议。这是为了以最小的代价尽快地确立君主的权力。1190 年，巴黎右岸的围墙完成了，西面有卢浮尔塔楼的守卫。围防工程包括相连的 20 座式样相同的塔楼：高 31 米，直径为 15 米。许多城市仿照巴黎建造了防御工事，高高的城墙，分布均匀的塔楼，城门的数量减至最

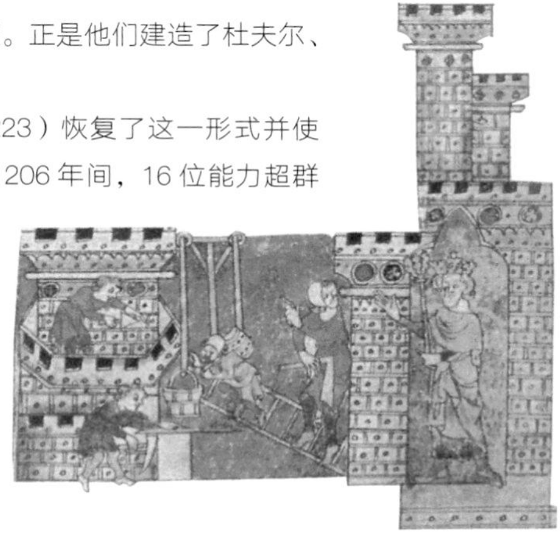

英国的建筑师们构想了一系列庞大的军用工程，包括用于围防的城墙和防御性的建筑。至于菲利普·奥古斯都的建筑师则设想了紧挨城池的石砌的工事，牢固而易于防守。仿照卢浮尔塔楼建造的圆形塔楼在二十几个城市都能见到，它们都是卡佩王朝权力的象征。布尔日的格罗斯塔楼（见左下图）凌驾于贝里所有的领地之上，就像卢浮尔塔楼屹立于法兰西一样。

少。参与这一浩大工程的建筑师各司其职，各展所长，有的人甚至专门负责挖掘壕沟；他们中的 11 人，史料上称其为“大师”，承担重要的工作职责。同样，吉讷伯爵阿努尔二世请来了一位土地测量家西蒙师傅，要求他参照圣奥梅尔的石砌防御工事建造阿德尔城堡。

在鲁昂附近的亨利三世（金雀花家族）的加亚尔城堡也能看见类似杜夫尔这样的防御工事（见上图）。

13 世纪伟大建筑师的社会地位

兰斯大教堂西面的圆花窗，是三角楣的一部分，因为完全镂空，所以十分利于采光。而大门的三角楣（见右页右图）也丝毫不逊色，从雕刻上看，它构成了圣母头上的桂冠。

13 世纪初发生了根本性的变化：建筑师再也无法应付如此的责任。他重操旧业，负责掌管经济，保证土地工程的顺利进行，避免材料供给中断及定期付给工人工钱。如此一来，建筑师们就处于非常独特的社会地位：他们摆脱了中世纪的等级制度。

史料与艺术品很明确地显示了这种享有特权的霸主地位，

而这种地位激怒了许多人。尼古拉·德·比亚尔在 1261 年一次著名的布道中表达了他的愤怒："在这些庞大的工程中，习惯上都要有一个主管，他们只需要动动嘴皮子，很少或从来不动手，就能拿到比别人多得多的薪酬。那些建筑师，手里拿着量尺，戴着手套指挥别人干这干那，自己什么也不干，拿的报酬却是最多的。"一直以来，对那些依靠聪明才智发号施令从而"轻而易举"就获取丰厚报酬的人来说，这类的批评并不陌生。

"辐射状"的建筑

1231 年，圣德尼修道院大教堂的重修标志着哥特式建筑新时期的开始，而这个引人注目的名称与此有着密不可分的联系。人们之所以称之为"辐射状"，是因为圆花窗已经成为宗教建

13 世纪的建筑师以其作品的精美给其同世的人留下了深刻的印象。这就是为何我们经常能在墓碑上看见他们的形象，就如同在鲁昂圣旺的一处 13 世纪中期的无名墓地发现的一样（见左上图）。

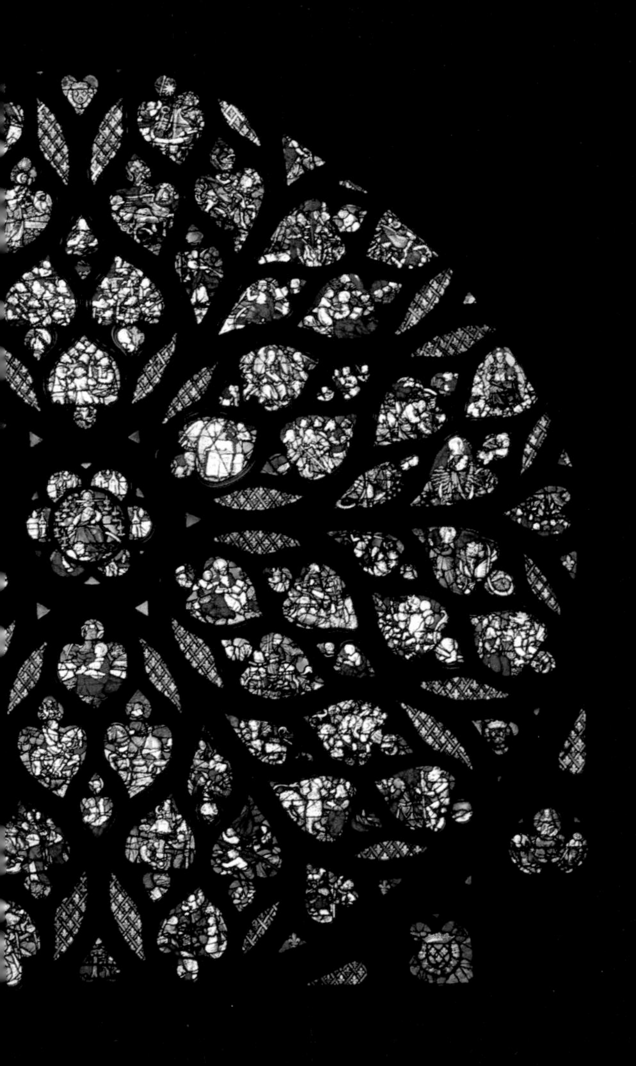

建于1248年的巴黎圣礼拜堂成功体现了13世纪建筑师们大胆创新的成果。依然不为人知的建筑师——也许是让·德·谢勒或皮埃尔·德·蒙特勒伊，建起了这座具有真正技术挑战性的建筑。作为出资人的国王希望建造一座既像宫殿又像圣物堂的教堂，用以安置基督教徒最为珍贵的圣物，以及耶稣受难的圣骨。建筑师将教堂设计为圣骨盒状，其中花窗总面积达613平方米。查理八世统治时期，西面圆花窗（见左图）于15世纪最后十年间被重修。重修后的风格已与13世纪时迥然不同，但其神奇绚丽的色彩却依然如故。

筑不可或缺的一部分。同时代的人为了记住它的起源，而把它称为法兰克技术。这种技术很快就在西欧流传开来：法兰西王国的斯特拉斯堡大教堂正厅、英国的威斯敏斯特大教堂、意大利的阿西斯、瑞典的乌普萨拉，甚至还有大海彼岸塞浦路斯的法马古斯特教堂。

这种建筑的设计，使教堂内部不再空荡荡的，而是洒满了光。当时的人对此大为赞赏并由此记住了创造出这一奇迹的“魔术师”们的名字。他们中的一些人与历史上伟大的人物齐名：让·德·谢勒、皮埃尔·德·蒙特勒伊、罗贝尔·德·库西、彼得·帕尔雷等。时代造就了他们，他们也为那个时代增光添彩。

1318年，鲁昂圣旺修道院院长让·胡塞尔为新的修道院奠下了基石（见上图）。他像许多人一样梦想在人间建造“天上的耶路撒冷”。他请了一位建筑师，不仅能让他的梦想变成现实，还能在经济上及智力上替他出谋划策。

刻在石头上的荣耀：署名与墓地

根据主教的要求，皮埃尔·德·蒙特勒伊在巴黎圣母院用漂亮的哥特式字体刻下了他的前任让·德·谢勒的名字。后者在死前，于1258年2月11日为耳堂的南翼奠下基石。13世纪末，在教堂的苦路曲径中刻上建筑师的名字成为一种习惯。然而，这一习惯的姗姗来迟——13世纪末于兰斯、1288年于亚眠——最终还是导致了对这些铭文的误解与忘却。在亚眠，人们还注意到了先后的次序：罗贝尔·德·吕扎什、托马·德·科尔蒙和他的儿子勒诺，此外还有主教的名字埃夫拉尔·德·富尤瓦。在兰斯大教堂，大主教奥布里·德·安贝尔的名字占据了中间的位置，周围则是建筑师的名字：让·多尔白、让·勒卢普、戈歇·德·兰斯、贝尔纳·德·苏瓦松。此外，人们还赋予他们头衔，不仅说明他们高超的技艺，更表明他们的聪明才智。圣日尔曼德佩教堂的神职人员给予皮埃尔·德·蒙特勒伊极高的荣誉，他和他妻子被埋葬在了由他建造的圣母教堂旁边。到处都称他为“石头博士”。

在建造圣旺大教堂的两个世纪中，这种对建筑师的纪念得到了实施。墓碑上的人像让我们记住了那两位15世纪的父子建筑师（见左页左图）。“本大教堂的建筑师亚历山大·德·贝尔内瓦尔长眠于此。他于1440年1月5日去世。我们为他的灵魂祈祷。”碑文是由儿子柯林在父亲死后撰写的，因此未包含对自己的记载。

越来越多的象征着他们荣耀的建筑师的墓被移入了室内。坟墓上的那些石板，虽然有的时候上面的字迹被信徒的脚步弄得难以辨认，却依然能帮我们回忆起那些声名显赫的人：兰斯圣尼盖斯的于格斯·里贝尔吉耶、鲁昂圣旺的亚历山大·德·贝尔内瓦尔和柯林·德·贝尔内瓦尔。他们的形象说明了他们的社会地位：穿得就像大领主，专业的器具表明他们的职业——圆规、量尺，有时甚至还有建筑物的模型。

兰斯大教堂的苦路曲径（见上图）将业主与建筑师结合在了一起。

羊皮纸上的影像

建筑师的永生不仅包含于石头中，也存在于那些描绘工地的手稿中。那不仅体现了他们的职责，更有他们与业主之间紧密的联系。建筑师将业主的指令快速地传达给工人。通过分析，可以看出业主与建筑师之间的辩证关系，而后者的地位显然有了新的提高。

布拉格大教堂就是一个很好的例子。查理四世决定在波希米亚王国的都城建造一座大教堂以辅佐他的统治，他请来一位法国的建筑师，让建筑师规划草图并将其付诸实施（1344—1352）。马蒂厄·德·阿拉斯在一次巡视工地的时候出了事故。1354 年，一位出生于日耳曼的建筑师彼得·帕尔雷代替了他。帕尔雷对前任的计划做了重大修改，加入

了日耳曼风格的设计。查理四世给予两人很大的荣耀，命人在教堂的楼廊上刻上了他们的半身像。

布拉格的圣吉大教堂是中世纪建筑设计的一个典范。对于国王查理四世（见上图）来说，建造它有多方面的象征意义：政治上——布拉格是王国的都城；统治上——大教堂位于波希米亚大公们的宫殿的中心；艺术上——他请来了一位法国的建筑师：马蒂厄·德·阿拉斯（见左页下图）。第一位建筑师的去世，政治的发展，以及新风格的出现促使他又找了一位建筑师，彼得·帕尔雷（见旁图）。然而，无论是技术还是两位建筑师留在大教堂的半身像都体现了一种统一。

君王的亲信

同时代的法国，业主与建筑师之间寻求的是一种更加亲密的关系。唐普勒修道院的雷蒙根据查理五世的要求于 1364 年建造了卢浮宫的主楼梯，也由此成为国王的亲信之一。查理五世还成了雷蒙的儿子夏洛的教父，并于 1376 年赏赐给雷蒙 220 个金弗罗林，以“感谢我们的朋友唐普勒修道院的雷蒙在过去及今日为我们提供的卓越的服务，并希望他在未来的日子里依然如此，此外，他可以用此来抚养我们的教子，供他在奥尔良接受教育，为他买书本及其他一些必需的东西”。这种创造者与出资人之间亲密的关系将延续整个 14 世纪的下半叶直至 15 世纪初，在法国及外国的宫廷中，从而成就了一门伟大的艺术：从第戎到布尔日，从伦敦到米兰。

建筑师的独立性

建筑师的作用得到了公认，却也为业主带来了一些值得担忧的问题。一些名声在外的建筑师在处理工程时就有一些漫不经心。缺勤已经成为一种惯例，特别是有些路程遥远的工程，于是这方面的内容在合同中也有了规定；当然这有关经济上的利益，但同时也伴有很

鲁昂大教堂的“黄油塔”（见左图）导致了议事司铎们和建筑师之间的争端。一些专家联合起来想平息争端，却无功而返。雅克·勒鲁克斯于1508年1月27日为了他的侄子罗兰·勒鲁克斯辞职，塔楼也最终按照业主的意愿，没有设置尖顶。

大的强制性。

最早的例证是1253年莫城的神职人员与建筑师戈蒂埃·德·瓦兰弗罗瓦签订的合约：后者在工程建设的过程中，每年可以拿到10个利弗尔的报酬，到场的话每天另有10苏的薪酬。作为交换，没有特别许可，他不得接受教区以外的其他工程；没有教士会议的许可，他不得离开莫城2个月以上，不得去由他指挥的埃夫勒的工地或其他本教区以内的工地。他必须居住在当地。1261年，加尔的圣吉尔修道院与住在帕斯基埃尔（加尔）的建筑师马丁·德·罗内签订的合约在严格方面也毫不逊色：每日在午前工作可以拿到2个图尔苏；食物津贴视工作情况另定；在圣灵降临节他还可以有100个图尔苏作为服装费。作为交换，从圣米歇尔日到圣灵降临节，他必须住在圣吉尔。合同中并没有禁止他接手其他的工作，但在那样的条件下，是否有可能那样做？1312年，雅克·德·福朗受雇建造赫罗纳大教堂。合约规定了支付的薪酬——1000个巴塞罗那苏，条件是每两个月去一次，但没有禁止他接别的工程。

艺术性

建筑师与出资人之间变得越来越互不信任。1381 年图勒的教士会议要求皮埃尔·佩拉禁止用木头的靠模在石头中做出型面和线脚。

这是出资人首次就艺术性提出问题。晚一些时候，根据 1460 年 5 月 9 日制定的协定，建筑师阿东沙泰尔将图勒大教堂正面图案的决定权完全交给了教士会议。争执的出现是难以避免的。15 世纪末，在建造鲁昂大教堂著名的“黄油塔”时，

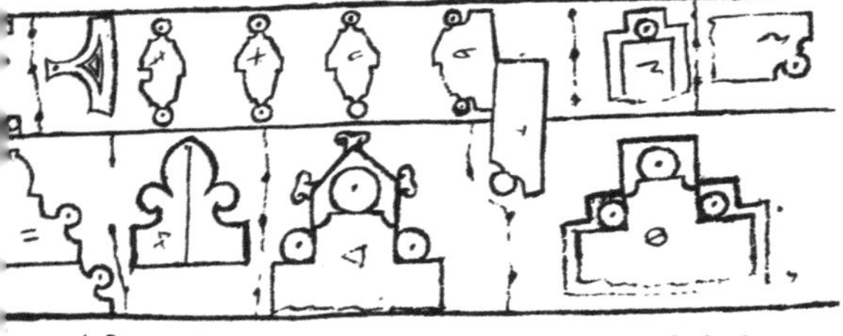

教士会议与建筑师雅克·勒鲁克斯有了分歧，议事司铎们希望有一个平屋顶，而建筑师则喜欢尖顶，最后议事司铎们取得了胜利。

15 世纪末，合作伙伴之间的关系起了变化。非常强烈的，甚至是过分强烈的个性化色彩打破了自 13 世纪以来的平衡。技术上的认证表现在彩绘玻璃上，如在沙特尔，以及维拉尔·德·奥内库尔的绘画中（见旁），当靠模和工具被广泛应用时，石匠是非常重要的。但渐渐地，他们的作用日益减小，直至被放弃不用，从而给建筑师和业主留下了大片可商榷的余地。

如果一位建筑师答应建造一幢建筑，并绘制出了工程应该遵照的图纸，他就不应该再对此做出修改。然而，为了确保建筑日后不面临被削减或诋毁，他还必须顺应领主、城邦或国家对此的要求。

《斯特拉斯堡石匠条例》，第10条，1459年

第三章
表现手法

无论是过去还是现在，效果图一直是建筑师与出资人沟通，以及将自己的意图贯彻到工地中的最好的方式。保存至今的图画虽然数量极少，但却非常清晰，并且明确地表现了绘图者想设计具有个性的雕刻的意愿。

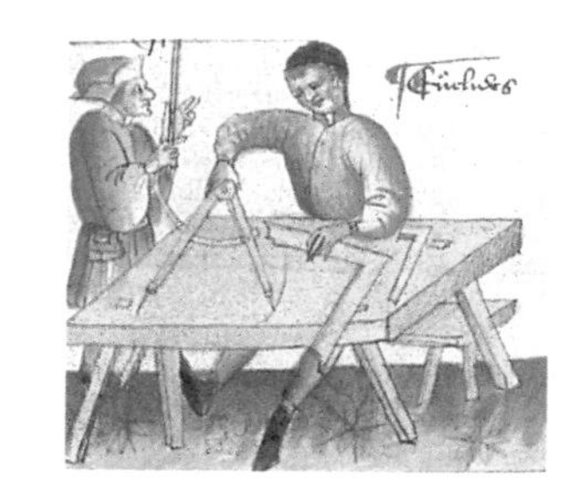

落在建筑师肩上的职责是制订方案图，指挥工地的工作，需要他们有特别的才能。对于第一项职责，他要说服出资人，避免分歧的产生，因为这会影响工程顺利地进行；对于第二项职责，他要让自己的意图为参与工程的不同的人所理解，曲解也会影响工程。在建造石料建筑的时候，建筑师要准备两种资料：一种是给出资人的，使他们能够从视觉上预见到最后的结果；另一种是给参与工程的各部门的人。古典时期还有图显示了在找到最终解决方法前的探索之路。尽管没有任何史料记载，也没有草图遗留至今，但在中世纪，它们似乎是存在的。然而图表资料的出现要等到13世纪。由此可见，中世纪的建筑师满足于用口头表达的方式进行交流，以在建造的过程中改变或修改原定的计划。

模型是建筑师与出资人沟通的惯用手法之一。鲁昂的圣马克鲁教堂的模型就忠实地再现了建筑的全貌。它是用木头及混凝纸浆做成的，高1米多。位于拉蒂斯博纳的圣母教堂的模型（见右上图）稍稍古老一些，是根据伊贝尔的图纸用木头做成的。制作非常精巧，惟妙惟肖。

介绍方案

建筑师可以有好几种方式让出资人欣赏他的方案：整体图样或明细图，特别是模型，更为直观。模型的应用在希腊－罗马时期很普遍，然而从加洛林王朝到16世纪初这段时间内，它似乎在北欧消

失了。人们在 14 世纪的意大利却发现了它的踪迹，在接下来的一个世纪它又出现在法国。在建造苏瓦松的圣梅达尔修道院的时候，就曾经制造过一个蜡做的模型。1398 年的秋天，斯路特在为夏摩尔的查尔特勒修道院建造著名的摩西井时制作了一个精美的石膏模型。稍早一些，于 1381 年，在特鲁瓦大教堂的祭廊之前，人们也曾制造过一个模型。

16 世纪以前的模型可以做成非常小的比例，被建筑物的缔造者拿在手里。甚至有些墓石上死者的卧像手中也拿着模型。例如下图现存于纽伦堡的这位 13 世纪中期的有王权的伯爵的卧像。

在墓碑上，经常能看见教堂建筑的缔造者们的雕像，手中拿着一个小小的建筑物的模型。最

早的例证可以上溯至 12 世纪中期，那是巴黎圣樊尚－圣克鲁瓦大教堂的缔造者国王希尔德贝。从 14 世纪初开始，缔造者的像被刻在了正门上，将建筑物的模型呈现给世人，厄尔的艾库伊教会的恩格朗·德·马里尼的情况就是如此。

这种呈给出资人的模型应用非常广泛，简便易制，可以是木制的，也可以用石膏，当然还有石头。它可以展现建筑物的整体面貌，也可以是某一局部面貌。

里厄小教堂的模型于 1333—1344 年在图卢兹科德利埃教堂的后部的圆室中制成，拿着它的是让·蒂桑迪耶。它不仅是一个象征，也可以看出模型越来越精细地反映了建筑物的原貌。

保存下来的图样

由于羊皮纸采用高成本，图样也就理所当然的更加昂贵。最早的图样出自斯特拉斯堡圣母院工程——建筑物的基础，包括工棚和工匠的住屋，其中的一张可以上溯到 1250—1260 年。第一份用以围住中殿的西墙的图纸似乎是出自一个巴黎建筑师之手。其他的图样都是对第一份图样的修改，因此也可以说第一份图样永远也没有付诸实现。

整个这段时期，其他的

工程也很注意对图样的保存：乌尔姆、维也纳、弗里堡、克莱蒙……不仅仅是墙面，还有侧面的立视图（科罗涅）、剖面图（布拉格）、拱顶图（斯特拉斯堡）。保存它们的目的是毋庸置疑的：1381年，重建图卢兹的多拉德的钟楼时，就用到了“一小卷羊皮纸”。更值得一提的是，翻修于1474年的巴黎圣雅克医院回廊大门的时候，参照的是一张保存至今的图样。这是由石匠纪尧姆·莫南绘制给医院的管理者的，图样足以让他们了解最终的效果。

从图样到工地的转化

在图样得到了出资人的首肯之后，工程还不能马上开始。建筑师还要做一些其他的工作以明确他的想法，给予工地详细的指示。如果说这类文件会在工程进行的过程中遗失的话，有一部分还是被保存下来了，如始于1542年由贝尔纳·诺南马谢指挥的斯特拉斯堡圣卡特琳教堂穹顶重建工程的一张图

在斯特拉斯堡大教堂原有的两个钟楼的基石之间建造一座钟楼的想法起于1360—1365年。它是一番深思熟虑的结果，参照的是保存下来的最大的一幅中世纪的彩图（4.1米），上面明确指出了设计的意图（见左图）。

斯特拉斯堡圣母院工程的印章上面是大教堂的正面图样，突出了钟楼的存在（见上图）。

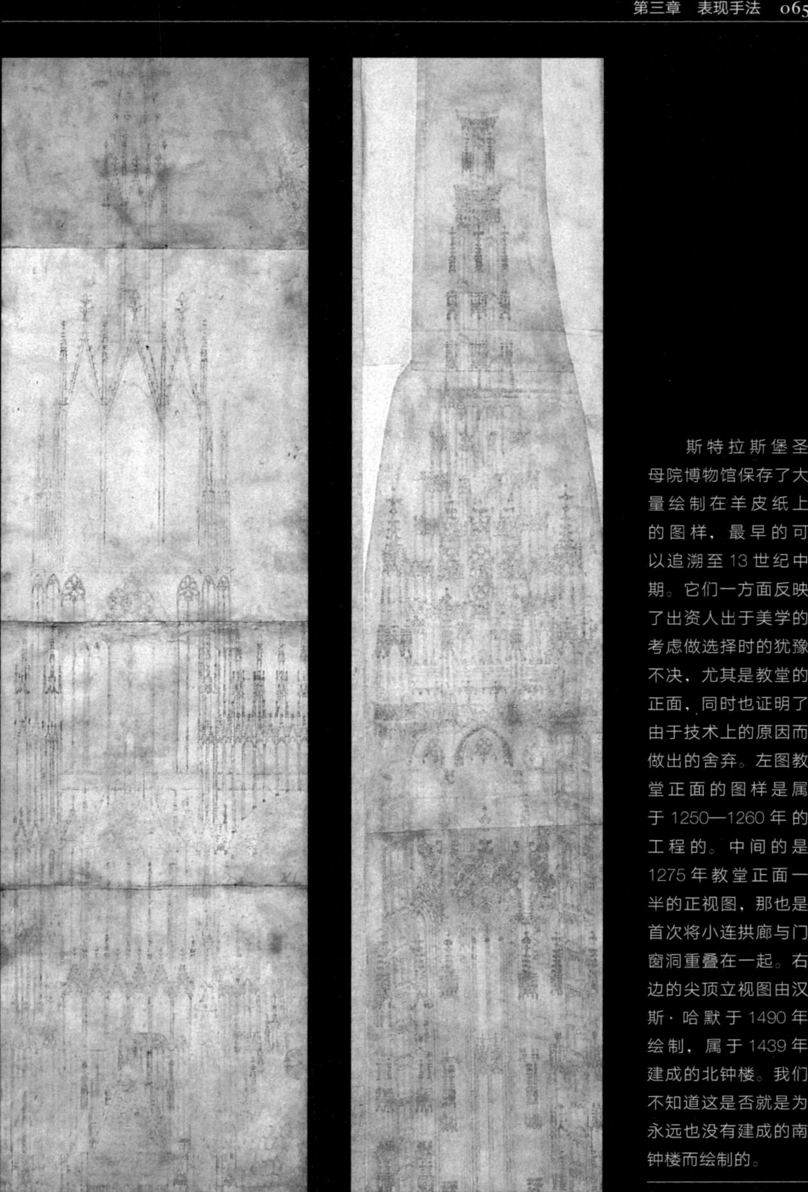

斯特拉斯堡圣母院博物馆保存了大量绘制在羊皮纸上的图样，最早的可以追溯至13世纪中期。它们一方面反映了出资人出于美学的考虑做选择时的犹豫不决，尤其是教堂的正面，同时也证明了由于技术上的原因而做出的舍弃。左图教堂正面的图样是属于1250—1260年的工程的。中间的是1275年教堂正面一半的正视图，那也是首次将小连拱廊与门窗洞重叠在一起。右边的尖顶立视图由汉斯·哈默于1490年绘制，属于1439年建成的北钟楼。我们不知道这是否就是为永远也没有建成的南钟楼而绘制的。

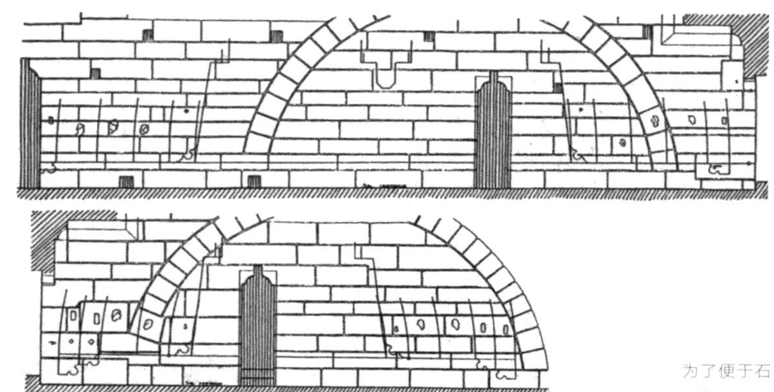

为了便于石匠的工作，就绘制了详图。其中的一些被刻在了石头上，就不经意地被奇迹般地保存了下来。在兰斯大教堂南翼楼廊的东墙上，绘有正门背面的图样；西墙上是侧门的图样（见上图）。虽然是概要的图样，却非常精确：比例正确，不仅绘制了正视图，还标明了层次。顶头的图样——正门有3个，侧门有2个——表明拱门的头线是刻上去的。直至20世纪，在对古建筑的修复中，还沿用了这种方法。例如巴黎克吕尼修道院主楼梯尖顶的修复（见左图）。石匠绘制了正视图和平面图，标明了墙的不同层次；有颜色的线条表明需要替换的石块。

样。图样上绘制的是石砌尖形穹隆的剖面图，标有数据和文字说明。另一份斯特拉斯堡大教堂西面墙垛的图样，分成三个层次：地面、圆花窗、钟塔。还有其他的图样，但想分析它们实际想表达的效果却并不容易。

详图

详图就是刻在石头上2—3毫米深的图样，按比例描绘建筑物的某一个局部。关于详图，存在着不少实例，以法国的为最多。最早的绘于拜兰西都会修道院（约克郡北部）的详图可以上溯至12世纪末：第一幅详图描绘的是一扇西面的圆花窗；第二幅是那扇圆花窗中部的细节部分。这种方法——可以是刻的，也可以是绘制的——与石头的切割术，也就是切割石头有关；它不再属于建筑师的技术，而是石匠的一项专门技术。

这些图样通常绘制在易碎的物质上，在“描图室”中完成——关于这方面最早的记载是 1324 年——随着工程的结束也就消失了。至于直接刻在石头上的详图，并不常见，可以是在建筑物的地上，如纳博讷轴心教堂的地面，可以是在祭坛的外墙上（克莱蒙费朗），也可以是在十字形耳堂的墙上（兰斯）。在这几种情况下，绘制的比例与原物一般大小，其他的一些则

苏格兰罗斯林教堂建于 1450 年，其圣器室的南墙和北墙上绘有不同的尖形穹隆和尖顶的图样，奇怪地重叠在一起（见下图）。

是缩小了的。在苏瓦松大教堂十字形耳堂南翼的墙上发现了两幅缩小了的圆花窗的图样：一幅也许是沙特尔大教堂西墙上的圆花窗；另一幅是拉昂教堂北翼上的圆花窗。剑桥医院、位于莱顿巴泽德的根根巴赫本笃会教堂的图样都是缩小的。这和建筑师的记忆方法有关。

为了很好地执行方案，建筑师就必须绘制图样。他自己的事务所会帮助他完成这项工作。史料中有时会提及一处名为特拉苏拉的地方，即“描图室”。鲁昂、斯特拉斯堡、巴黎都曾经有它的踪影。至今在英国，尤其在威尔士和约克郡还保存着这样的“描图室”（见右图）。

模板：工地的备忘录

史料经常提起模板或模具，有时还反复提及。其构造非常简单，通常是在木头上勾勒出底部、尖形穹隆或线脚的轮廓。最早的模板是在沙特尔发现的，可以上溯至 13 世纪初期。圣谢龙的彩绘玻璃上，绘有好几个模板被小心翼翼地悬挂在刻工的工棚中的情景。在表现石匠工具的圆形浮雕上也能看见模板的身影。稍晚一些的维拉尔·德·奥内库尔在他的《记事》中提供了关于这方面的翔实的资料。维拉尔认识到了它们的重要性，详尽地描绘了在建造兰斯大教堂环形小祭室时用到的各式各样的模板：窗子的中梃、尖形穹隆、平顶搁栅、侧向拱肋。他甚至还用标记指出了它们的“待用方向”，也就是使用它们的正确方向。

砖石结构的建筑物不会留下模线的痕迹。至今木匠们还保留着这项技术（见上图）。

正是通过此种“储存记忆”的方法，有些地方保存下来了一些特别的资料供我们参考，其他的资料则已随着岁月的流逝销声匿迹。从文献角度看，斯特拉斯堡、乌尔姆、维也纳的丰富与巴黎、兰斯、博韦形成了鲜明的对比。许多法国、英国或是西班牙的大教堂没有保存下一个图样。当然，有些建筑物的年代比较久远，但也不至于使文献如此缺失。维拉尔·德·奥内库

约克郡的一间"描图室"被精心地布置过，里面有一个壁炉和一个橱，图样就一直存放在里面。工作的空间很宽敞，长7米、宽4米，中间没有任何的隔断，可以按原比例绘制图样。用的工具很简单：角尺和圆规。至今地面上还有线条的痕迹（见下图），那是修道院祭坛侧殿门窗洞后的一个里壁（约1360年）。

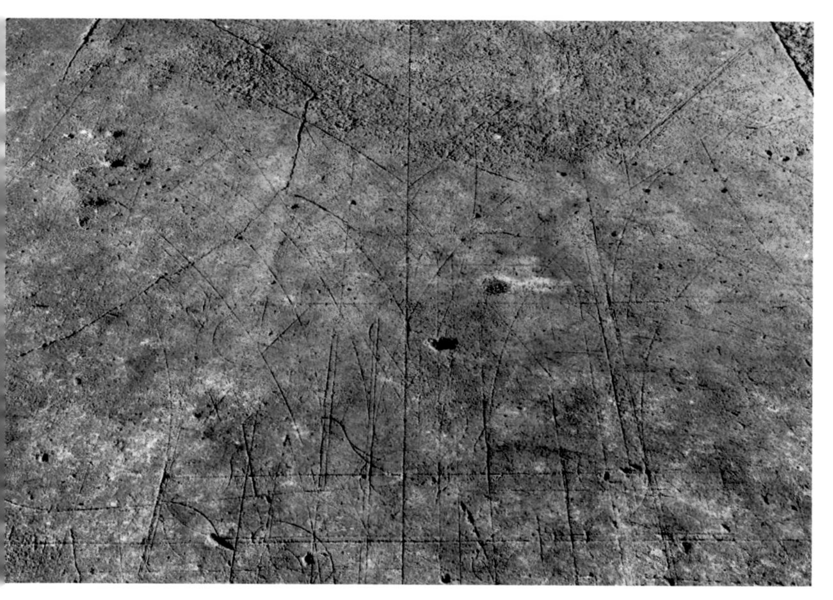

工程的质量取决于是否有“备忘录”的存在。必须不惜一切地避免由于可预见的工程拖拉而造成的偏差。因此，必须把诸如线脚装饰之类的轮廓保存下来，中世纪人们称其为模板或模具。沙特尔大教堂的一幅13世纪初的彩绘玻璃（见左图）就表现了两个黄色的木制模板悬挂在石匠工棚中的圆规下方。

尔的《记事》就论述了许多重要的细节，尤其是有关兰斯工程的情况。

维拉尔·德·奥内库尔

维拉尔这本珍贵的图册绘于1220—1230年，自19世纪中期起就得到人们的关注。他这样论述编辑这本图册的目的：“在这本书中，你们将了解到建造砖石建筑的准则、木工的工

维拉尔·德·奥内库尔绘制了许多模板，特别是建造兰斯大教堂东面环形小祭室时用的模板（见上图）。他还对精巧的工具有着浓厚的兴趣，如用水做动力的锯子（见下图）。

具、肖像艺术，以及体现几何艺术的图样。”他从不自称是一名建筑师，最终这阐述了他真正的个性。他首先是一个对一切都充满好奇心的人，尤其是对当时工艺的发展。为了满足这种永无穷尽的好奇心，他竭尽所能四处汲取“养料”，有时也会通过二手的资料。所以近来在其著作中发现许多谬误。他可以仿制出一只“栩栩如生”的狮子，让同时代的人都以为这是他亲眼所见，而我们今天知道，他只不过是看了一点点关于狮子的记载。他还会仿制机器——特别是一把利用水为动力的锯子，虽然他对其中的机械原理一窍不通。

这些还不足以说明维拉尔的旷世天才及他为我们展现的当时的风貌。除了一份与皮埃尔·德·科尔比合作的想象出来的平面图——其

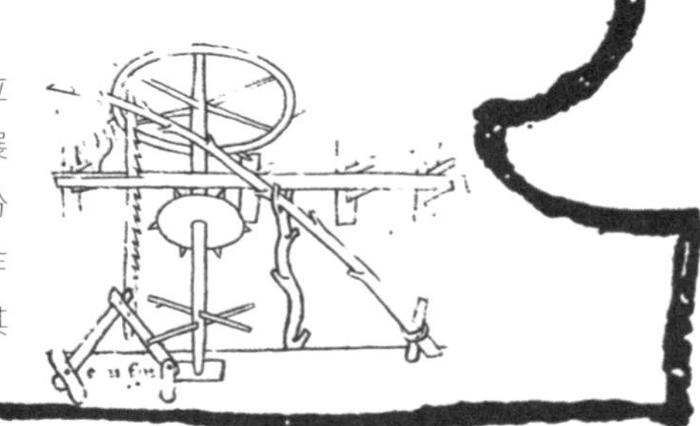

中没有任何令人信服之处，所有的图样都能与留存至今的建筑物一一对应，但由于与实物有太多的出入，我们不得不承认维拉尔并没有亲临现场。洛桑与沙特尔大教堂圆花窗的图样与实际相去甚远，肯定不会是因为复制水平太差而造成的错误。据考证，兰斯的情况也是如此：无论是外部和内部的

维拉尔·德·奥内库尔在兰斯逗留了很长一段时间。建筑师将收集整理到的法国、瑞士各式建筑的图样提供给他研究。维拉尔不管它们是否与事实相符，都复制了其中的一部分，如拉昂的钟楼(见左图)。他最感兴趣的是上面的牛的雕像，而不是确切的建筑式样。

正视图还是剖面图。为了解释这些差异，而不是错误，必须承认维拉尔依据的是别人提供给他的材料。有些图样还配有说明文字，说明哪些是已经建造好了的，如一些环形小祭室；哪些是要建而还没有建的，如十字形耳堂窗子的一根支柱。看来，兰斯大教堂的建筑师给了他所有的资料，有些图样属于作废了的方案，却引起了维拉尔特别的关注，至于其中的原因，现在还不得而知。建

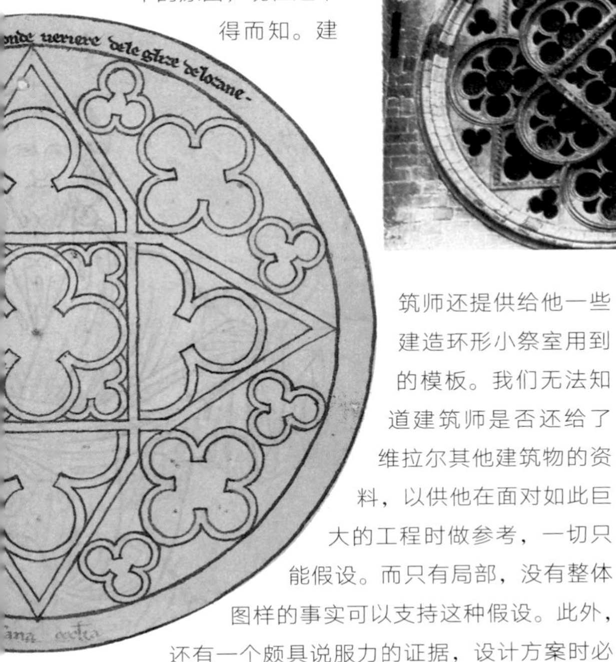

筑师还提供给他一些建造环形小祭室用到的模板。我们无法知道建筑师是否还给了维拉尔其他建筑物的资料，以供他在面对如此巨大的工程时做参考，一切只能假设。而只有局部，没有整体图样的事实可以支持这种假设。此外，还有一个颇具说服力的证据，设计方案时必

现实中洛桑大教堂的圆花窗无比精美（见上图），而维拉尔的图样却相去甚远，事实上这只是一个被放弃了的方案（见中图）。通过对两者的比较，可以看出维拉尔的思想的特点。

维拉尔并没有画建造好的兰斯大教堂的正视图和剖面图，而是重画了另一个他知道已经被否定了的方案，至于原因，我们不得而知。他似乎简化了各式图样，只留下了一部分：两组两层的拱扶垛（见左图）和门窗洞（见右页图），后者由于他去掉了拱扶垛而更加突出。现代的图样与他的既有类似，也有不同（见中图）。

定会有其他建筑物的图样，以免重样。这样的资料对于建筑师来说是必不可少的，以避免修建过程中出现误差：兰斯大教堂于 1211 年开始建造，但正面直到 50年后才完工。

此外，无论是过去还是现在，出资人只有在见到图样后才能决定最后的方案。

我们要说明的是，在我们之前，瑞典乌普萨拉大教堂的建筑师艾蒂安·德·博纳伊石雕匠就已提出应该到建筑工地上去。他还承认，协助他的学徒和工匠对造好该教堂起了很重要的作用。

——提交给巴黎行政官员的提案
1287 年 8 月 30 日

第四章
工地

15 世纪末，建造大教堂的时代已经结束了，因此画家与画师们执着地想表现工地的念头就显得更加令人惊讶。然而，无论如何这是一个契机，使哥特式建筑带来的影响得以综合地展现在画卷中。

组织工地是一件棘手的事，而解决的方法并不是一成不变的，取决于时代——虽然进步是显著的，但其中也有曲折——地区、经济状况，还有人的因素，每个人的才能和技术水平都是不同的。

法国建筑师和高水平工匠到远方工作，从而使哥特式建筑的工艺传播到各地。当时的行业工会组织得非常好。1480年，当罗德岛被土耳其人围攻时，好客的行业负责人隆重地接待了来自法国的建筑师和工匠（见下图）。砖石工前面是木匠，地上放着的则是他们的工具：石灰槽、圆规、角尺、锤子、木锉。

大兴土木的欧洲

说起砖石建筑，就不能不提及北欧地区：11 世纪的诺曼底和 12、13 世纪的法兰西岛。此外，新风格的出现往往与一种不同的技术相联系，而这一切得益于大批外国人的到来。要完成一项革命性的工作，光有一个建筑师是不够的，还需要有许多技艺高超的工匠支持他的工作。

在不同的时代，不同的国

家都能找到许多颇具说服力的例证。我们已经提到过协助老贝尔纳建造圣地亚哥-德孔波斯特拉教堂的有50名雕刻工。1287年他接受艾蒂安·德·博纳伊的委托建造瑞典乌普萨拉大教堂，在签订了合约以后，他与在巴黎招收的10名学徒和10名工匠——都具有高超的技艺，一起前往瑞典。1344年他在布拉格建造圣吉大教堂时，情况也是如此。未来的国王查理四世召来了在阿维尼翁遇见的建筑师马蒂厄·德·阿拉斯，说服他在王国的土地上建造一座法国式的大教堂。后者带去的

15世纪，象征着人类傲慢从而遭到挫败的巴别塔有了一个建筑物以外的抽象意义。对于着色画师和画家来说，那是一种方法，让他们不仅表现出高得令人眩晕的砖石建筑，也勾画出建造它们的人与工具。种类繁多的起重工具给人们提供了选择的余地。

是一群他在波希米亚无法找到的技术工人、准备工、石匠……

如此的举动会导致建造成本的大量超支，而这可以衡量出资人的雄心。当然，并不是每项工程都是如此。纪尧姆·德·桑斯就在坎特伯雷当地找到了符合他要求的工匠，因为自从被纪尧姆征服以后，英国人在建造砖石建筑方面有了很大的进步。

直到11世纪，木匠都独领风骚，而后来他们不得不让位于砖石工，干的只是搭建屋架的工作，而这些屋架被石匠以高超的技艺用石穹隆遮掩住了。它们中的大部分由于火灾而消失了，尤其是法国（沙特尔、鲁昂、兰斯）；相反，英国却保留了许多。尖顶的搭建是一个了不起的创举，需要周密的计划。安装之前，先要在地面完成建造的工作。索尔斯伯里大教堂的尖顶（见左图）是最蔚为壮观的尖顶之一。

有组织的行业工会

无论是过去还是现在，建筑工地都聚集了两大行业的人：木匠和砖石工。还有许多从事其他行业的人，对他们的工作要求更加一丝不苟，因此难度也就更大。随着时代的发展，冶金业一直是一个特殊的行业，其行业组织一时

还难以分析。技术性的加强是发展的趋势，虽然难免历经艰难曲折之过程。在欧洲北部，虽然砖石工程的发展占了上风，但成效还是十分显著的，屋架的建造一直被列为典范。例如1322年倒塌的由威廉·赫利建造的英国伊利大教堂交叉甬道上方的八角形顶塔。14世纪，砖石建筑方面的惊世典范也属于北欧。

德国、英国、法国的建筑师成就了许多极为辉煌的建筑。英国人发明了扇形拱顶。1446年由雷金纳德·伊利建造的剑

1322年，为了建造英国伊利大教堂的八角形顶塔（见上图），木匠威廉·赫利利用在穹隆上建造上层结构，从而使木头有了石材的效果。轻质材料被大面积地使用，两层窗洞使之看上去辉煌无比。

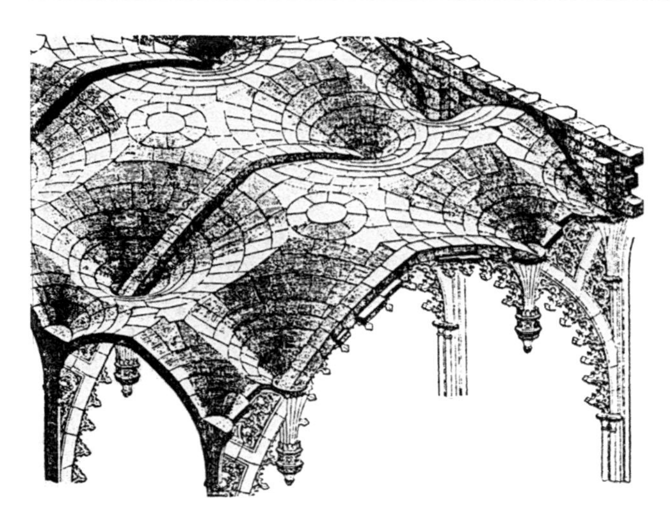

15世纪末，对切割术的掌握使欧洲大部分国家在建筑业上都取得了骄人的成绩。英国的建筑师发明了扇形拱顶，如剑桥“国王学院”的教堂（见右图）。模仿尖形穹隆的装饰掩盖了其中的技术，事实上那是用整块的石头刻成的。稍晚一些（1502）的位于威斯敏斯特的亨利八世教堂拱腹面的曲面是扇形拱顶发展的顶峰（见左图）。那是沿墙的一组并不十分突出的半圆锥，由两行平行的全圆锥支撑，末端是通过穹拱与它们相连的穹隅。

桥大学教堂正采用了这一发明。同样，德国的建筑师也摆脱了结构过分严密的四分尖形穹隆的束缚，在布拉格城堡的弗拉迪斯拉夫大厅建造了一个高13米、宽16米的穹隆。在法国，虽然建筑师没有如此大胆，但还是完全地解决了穹隆的重量问题。始建于1481年南锡附近的圣尼古拉港大教堂就是这项研究的结果。

建筑手册

这种技术上的成熟是日益加强的专业化和任务分工的结果。要追溯这一演变的过程并不容易，必须详尽地分析资料，尤其是一些数据。15世纪末，法国出现了许多论述建筑技术的著作，后来成为文艺复兴时期的指导手册。法国的菲利贝尔·德洛姆就在他的作品中再现了中世纪的理念和技术。然而最早论述技术的作者是雷根斯堡大教堂（1486）的建筑师马蒂厄·罗里泽尔。当然，许多著作都有明显的局限：他们通常详尽地阐释一些只有技术人员才能理解的“秘诀”。此外，

这些著作只局限在一个有限的范围内，并没有传播开去。

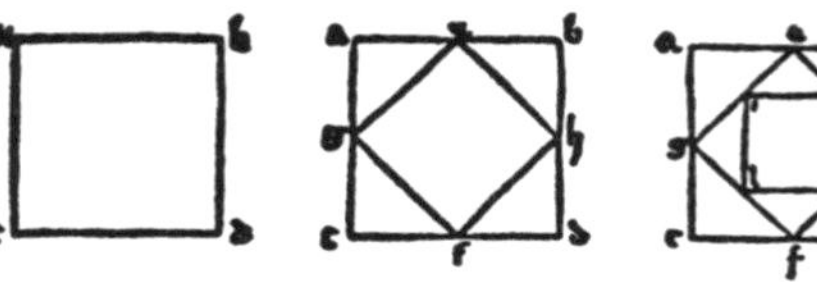

各司其职

工地上，技术人员与大多数从事零工的人之间的差距日益增大。装饰画上经常表现运水的、背石料的及背石灰的工人，他们按件获取酬劳，有的甚至按日计薪。工人都在当地招募。拌灰浆工的级别就高了一等。职能是决定薪酬等级的主要因素，而这需要大量的个人投资。砖石业不同工种间的差别通常与个人所受的训练有关。账本中记载的薪水也与行业的专门程度有关。当然，在当时要进行经济收入上的比较是困难的，工资总额还没有出现，并且收入也有我们今天所称的实物报酬作为补充。

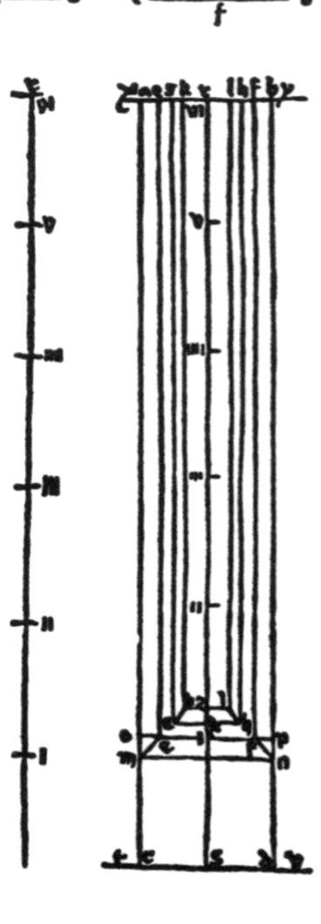

建筑手册见证了13世纪到15世纪技术的发展，布尔日的一扇彩绘玻璃表现了这一点。马蒂厄·罗里泽尔的手册强调了几何学的重要性。他根据设计图借助圆规和直尺绘制出正视图，并得出了“精确的尺寸”。上图是一座小尖塔。

高等职业

在当时人们的眼里，建筑师成了数字魔术师。

通过分析一些账目，垒石砌墙的砖石工属于高等职业。工地上不同的习俗可以说明这种职业间的差别，虽然差别并不总是十分明显。

石匠具有特别的作用：他是连接建筑师或石匠领班与工程之间的桥梁。他在技术的发展过程中起着决定性的作用。正是由于他们才完成了从粗糙的碎石建筑到凿石建筑的转变，从而省去了接缝与垫层的过程。这一真正意义上的革命发生于 11 世纪初的一些特殊的工地上。一直习惯于粗糙的建筑物的编年史作者对此叹为观止。在习惯之后，他们则表现得更为谨慎。无论是过去还是现在，要得到如此的结果，三个因素是必不可少的：石匠最初的培训、由石匠制造的工具和对材料的选择。

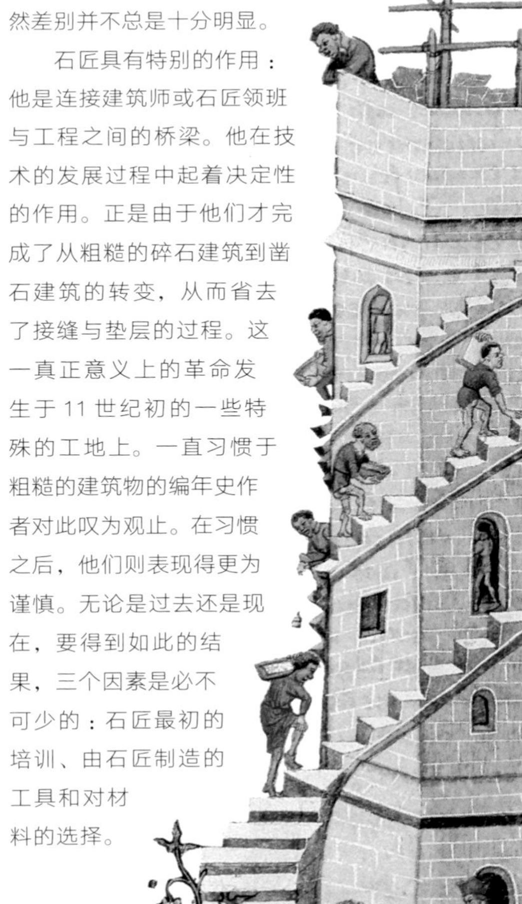

由于史料的缺乏，我们对这不同的几点了解得并不多，幸亏有建筑物的存在，我们才得以通过对它们的分析掌握一些情况。其中的差异是如此之大，仅仅用个人素质的不同是无法解释清楚的。

石上的签名

工匠的记号给我们提供了宝贵的资料。这些标记被精心地刻在石头表面上，清楚地表达了将石块精雕细琢的工匠的骄傲之情。他们毫不犹豫地在作品上签上自己的名字。在许多建筑上发现了同样的标记，告诉我们时间上的先后顺序。巴黎的圣日尔曼德佩教堂就是一个很好的例子。莫拉尔修道院院长从门廊钟楼开始重修工作，工程到他死时（1014）结束。接下来的工程有南面的圣桑福里安小教堂、十字形耳堂

东面的钟楼群，最后是正殿。石头上到处都是工匠留下的记号，有的还在不同的地方反复出现。可以肯定它们出于同一时期。同样，在英国的蒂克斯伯里发现了与拉芒什南部一样的工匠的标记。石匠漂洋过海，从一个工地到另一个工地。必须指出的是这些标记都是个人的签名，就如同今天缩写的签名墙的高度不断增加，这些签名可以帮助计算石匠切削石块的数量，从而按件付给酬劳，同时评估切削的质量。这些标记的消失是由于另一种报酬形式——按批计算或按日计算——的出现，因为采用的技术已不需要投注如此大的注意力。此外，不同的地区、不同的制度下，情况也会不同。当时也同样有可能存在专门从事建筑的建立在资本基础上的“公司”，如同今日我们所了解的那样。虽然没有资料证实，但这样的假设在那些从 11 世纪开始就大兴土木的城市如巴黎是完全有可能成立的。从 12 世纪中期开始，建造的节奏只会越来越快，而不会再缓慢下来。

中世纪的建筑师和砖瓦工是技术修复的能手，也就是更换支柱的行家。巴黎圣母院的祭坛或是莫城大教堂就有许多这方面的例证。1231 年，圣德尼的一位不知名的建筑师也是这样做的：他保留了建于 12 世纪的圆柱顶部的顶板和祭台间周围回廊的穹隆，更换了祭台间的支柱。一份手稿描绘了这一复杂的工程（见左页图）。从 11 世纪开始，巴黎的石匠们热衷于在石块裸露的角上留下自己的印记，如上图圣日尔曼德佩教堂门廊钟楼上钥匙形状的记号。

西都会修士的“雇工”

通过西都会的建筑能更好地了解这一点。杂务修士在管理中遇到了许多困难。12 世纪末，杂务修士甚至公然反抗指派给他们的任务。13 世纪中期，圣召变得更为罕见，以至于劳动力要从修会以外招募，并付给酬劳。从 1133 年开始，克莱尔沃的圣贝尔纳就雇用工人帮助僧侣修建新建筑。这些工人就类似于“雇工”。他们按件获取报酬，在修磨好的石块上留下证明他们工作轨迹的记号。这一情况发生在弗拉朗、塞南克及其他许多修道院。令人吃惊的是，不仅石块修磨得非常好，上面的印记也十分精美。看来，西都会为了它的荣誉请的都是最好的工匠。

从石块的雕琢到用于建造建筑的各个工序，中世纪工地会集了各行各业的人。描绘建造巴别塔的作品最具代表性（见上图），它表现了各种人，还有各式技术装置，如双滑轮的起重机。

真正的建筑“企业”

很有可能，留在石块上的个人印记都逐渐演变成了“老板”的标记。1500 年，巴黎为了建造圣母院桥，成立了 5 间工场。每间工场都有一个主要的砖石工，作为石匠领班。在他的麾下有 14 名砖石工，他们在每块修磨好的石头上都刻上了领班的标记。

较之其他的工地，有一个工地分析起来没有那么复杂，能够帮助我们理解人事组织。当然，

这幅绘制在纸上的墨笔画（见下图），于 16 世纪后期曾被复制成版画。它表现了德国海德堡附近的舍瑙西都会修道院的建造过程，很好地证明了西都会修士是如何在工地上干活的。为了突出圣贝尔纳在创建与修建修道院中所起的作用，15 世纪的一个雕刻家为他塑了一尊塑像，塑像的手中捧着一个模型（见左图）。

这是一个皇家工地——英国的博马里斯城堡。1268—1270 年的账本表明为该项工程工作的共有 1630 名工人，包括 400 名砖石工、30 名铁匠或木匠、1000 余名普通工和赶车的。这样的比例可以保证工地的正常运转，也就是说，不会遇到经济上的困难。1294—1295 年法国欧坦工场的账本上有一些关于工资的记录：普通工为 7 个银币；石膏工为 10—11 个银币；砖石工和石匠为 20—22 个银币。最高等级是最低等级的 3 倍，再一次说明了等级的存在。

首选建材：石料

建筑物的质量取决于建材的选择。中世纪和古代一样，遇到了这个严峻的问题，我们在修复古代建筑的时候也无可奈何地认识到了这一点。原先的采石场已经开掘尽了，即再也不能提供同样优质的石材了。从11世纪开始，当重新开始大规模的工程时，出资人和建筑师都面临着同样的需要：寻找好的石材，建造屋架的木材，弄到锻造得很好的金属。而优质石材的供应是中世纪建筑者的大事。

在最近的地方找到一个采石场，拥有这个采石场以便随心所欲地开采，但又不增加费用，这些是

石料的运输与装卸是建筑师的心头忧患之一。照片中是1917年被炸毁的兰斯大教堂十字形耳堂的残垣，从中可以看出不同的建材：修磨过的石块、用线脚装饰的石头及碎砖石。为避免破损，即尖角不被磨损，修磨好的石块在运输过程中就需要十分小心（见左页图）。至于运输碎石块就不需要如此小心翼翼了（见下图）。

出资人——主教、修道院院长、国王、领主——需要解决的几个主要问题，而他们总能注重实效地解决它们。

在一些特殊的地方，就地取材就可以了，有什么比土地的恩赐更让人高兴的呢？这一点，防御工程提供了许多例证：希农、库西、加亚尔城堡等地的岩石至今还保留开采过的痕迹。

许多没有它们有名的城堡正因为就地取材才得以建造。奥德故国那些著名的城堡用的正是就地开采的石灰岩，坚固而易于修磨。要不是这样，建造在700—800米的高山上的皮洛朗、奎里巴斯、皮尔佩图斯城堡就难以完成。人们还在存留至今的建筑物上发现了后期罗马帝国时期的石材，如博韦大教堂的城墙。

采石场

当工程规模日渐扩大，采石场再也无法满足需求。在许多史料中，都记载有出资人四处寻找采石场，甚至到那些不为人知的或已放弃开采的地方。11 世纪初，为了重建康布雷的大教堂，主教热拉尔一世四处寻找采石场，最终在离城大约 10 公里的莱斯丹找到一个。还有其他许多例子：修道院院长（出资人）苏格尔在蓬图瓦兹附近找到了采石场，可以提供适合建造圣德尼修道院大教堂回廊石柱的石材。为了降低成本，必须买下采石场（拉昂大教堂的切尔米兹）或取得在建造期间的开采权（图尔、特鲁瓦、莫城、亚眠等）；很多情况下，教会已经很幸运地拥有了采石场（里昂、沙特尔等）。然而，采石场可以是私人的产业，于是开采权就成了交易的对象。巴黎的情况就是如此，石材都集中在比耶夫尔的山丘上。由于离城太远，就

采掘石料（采用坑道挖掘），或露天采挖，两者的成本是不同的（见左页上图）。采用坑道挖掘，必须用价值不菲的支架支撑坑道，以防坍塌。采石工的工作非常危险，并需要精密的知识：选择岩层、计算石块的尺寸以备采样。十字镐、采矿钻杆、木楔是用来采掘原石材的工具。出于经济上的考虑，我们经常能在古老建筑物砌墙内部看见乱石碎砖的填塞料，如罗马的塞西利亚·梅德拉陵墓（见下图）。

给财政的支出带来了很大的负担。

在斯坦福附近发现其他采石场之前，征服岛屿后不久的英国人为了建造坎特伯雷大教堂、圣奥古斯丁修道院教堂、威斯敏斯特王宫、伦敦塔、巴特尔修道院，跨越拉芒什海峡彼岸从卡昂运去了几百万吨石头。运输成了关键性的问题：纪尧姆·德·桑斯发明了机器，可以把石料从运输船上卸下来。

石料的运输通过水路或是陆路。第一种情况，特别设计的平底大驳船停在离工地最近的地方（见上图）。载货量不能太多，否则有可能出事。虽然比陆路来得便宜，但它必须转载两次，从而造成了不便。对于陆路运输来说，马尤其是牛起到了重要的作用。人们对牛有着赞赏之情，它们温驯、耐劳，在中世纪的道路上默默前行。拉昂大教堂的建筑师所留下的石牛雕像就是赋予它们最合理的荣誉（见左图）。

重材料的运输

平底大驳船发明以后，水路就成了最可行、最经济的运输方式。在巴黎，船只沿比耶夫尔河而下，取道塞纳河的一条小支流，最后停在斯德岛的东端，那里离大教堂工地最近，江河纵横交错。例如高泽林任修道院院长时期的卢瓦尔河，从讷韦尔一直到卢瓦尔河畔圣伯努瓦。此外，人们还疏浚运河以避免航运的中断。

有的时候，不得不走陆路，但人们总是尽可能地缩短路程。14 世纪初建造普瓦西修道院时，从孔夫朗采石场采掘的石料先通过塞纳河运输，接着利用穿过葡萄园的捷径直接运到施工的建筑物旁。道路的崎岖不平也增添了许多问题。切尔米兹采石场坐落在离拉昂 17 公里的阿克斯山上，山峰有 100 多米高，为了把石料从山上运下来，运用了由牛牵引的重型大车。为了纪念这一举动，人们在钟楼的顶上设立了牛的雕像。

当然，中世纪在载重运输方面有着非凡的创新。马肩轭圈和成列套牲口的发明，使马能够拉动两吨半的物资，而在古代，马能拉的重量最多不超过 500 千克。从此，马和牛的牵引力变得相差无几，而马的速度则是牛的速度的一倍半。

运输的费用使整个工程的成本大幅上升，以下几个计算结果就能说明问题。将卡昂的石料运到英国，使成本增至原先的 4 倍（诺里奇大教堂）。建造特鲁瓦大教堂时，从托内尔采石场运来的石料增值了 5 倍。还有其他许多例子可以说明这种超支的现象。1412 年，在罗曼建造一座桥，100 块拱石的价格为 72 个弗罗林，而陆路运输费用为 40 个弗罗林，水路则为 20 个弗罗林。

“牛的形象象征着力量与威力，它们辛勤耕耘，以获取上天丰富的赐予；正如它们坚韧而又不屈不挠的角。”
——假名德尼斯

木材的运输也是如此：还是在罗曼，1390 年，运输 30 根长 18 米的枞木需要 425 个弗罗林，而购买它们只需要 50 个弗罗林。要把木材运到伊泽尔，需要 150 个人和 80 对牛。尽管价格不菲，水道和陆上还是经常出现为工地运送材料的平底大驳船和大车。

此外，需要说明的是，几个相邻的工地几乎是同时开工，如 11 世纪中期的诺曼底、11 世纪末的英国和 12 世纪中期的法兰西岛。

采石场凿石 VS 工地凿石

显而易见，出资人会通过减少运输量来降低成本。因此，不仅要在采石场把石块弄小，甚至还要把石材修磨好，这是自古以来的习惯，并且如此一来石

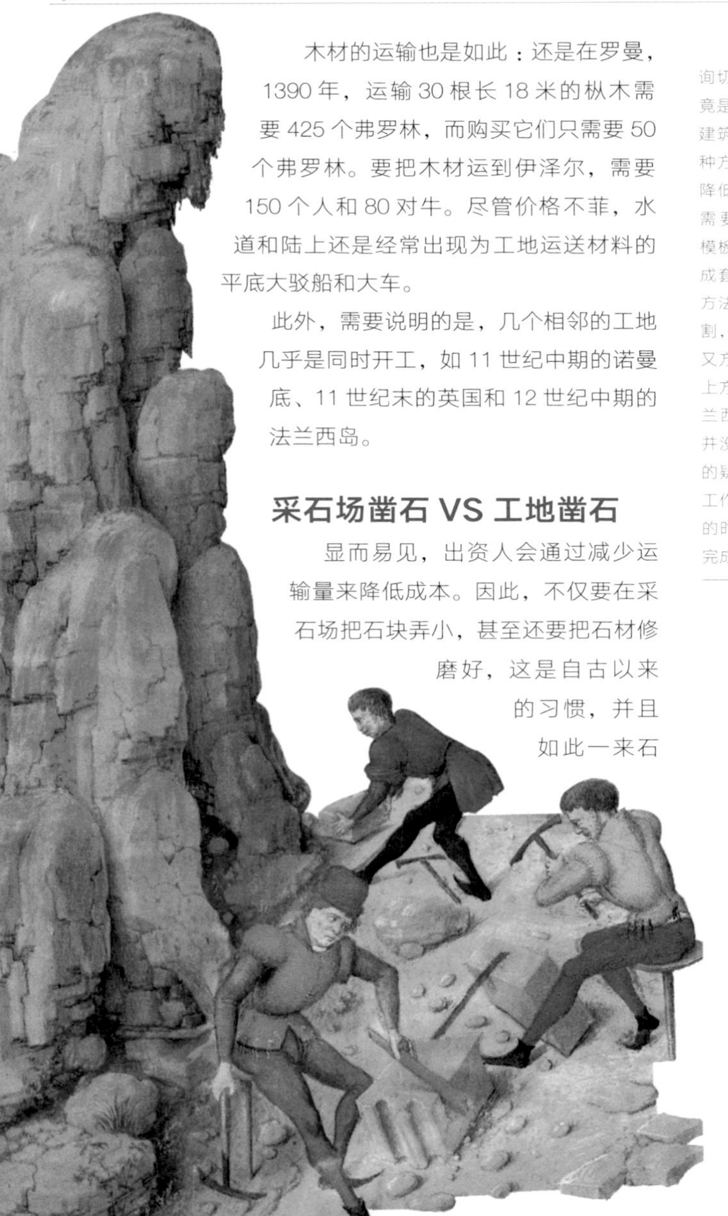

人们一直在探询切割石块的工作究竟是在采石场还是在建筑工地完成。第一种方法的优点是可以降低运输的费用，但需要事先把精确的模板运到采石场，以成套地切割；第二种方法的长处是就近切割，既可以节省时间，又方便石匠住宿。右上方的图画选自《法兰西大编年史》，它并没有解开我们心中的疑问：图中包含的工作完全可以在不同的时间、不同的地方完成。

灰浆肯定是在工地附近搅拌的，一完成就由工人运到工地。建筑物质量的好坏不仅取决于石材的优劣，还取决于石灰是否黏稠。

料还便于运输。纪尧姆·德·桑斯准备了模板，并将它们运到了卡昂。从那时开始，有关的记载就丰富起来了。

建造瓦尔·罗亚尔修道院时（1277—1298），砖石工被派往采石场，协助开采和修磨无数的石料。1253年的威斯敏斯特也是如此。修磨好的石块就可用于施工了：除了砌面以外，还要通过精心的选择将石块建成拱墙墩、门窗的内壁等。

Das die ersten engelschen in das elsas
kamen und gar grossen schaden tatent

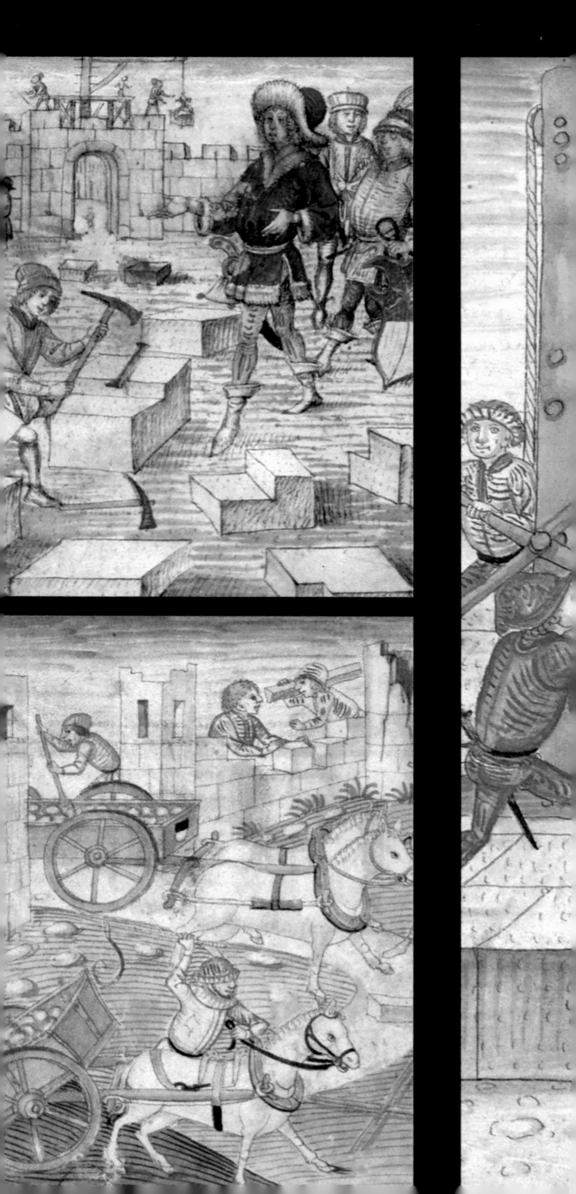

木材与屋架

木工活也并不容易，10 世纪和 11 世纪，人们疯狂地砍伐森林。树龄达到 100—200 年的乔林变得日渐稀少。12 世纪，苏格尔扬扬得意地讲述了他如何奇迹般地在伊夫利纳森林中找到了可以用于建造圣德尼修道院大教堂屋架的木材，而之前人们告诉他那是不可能找到的。逸事也未必就是虚假的。统治者、领主、主教、修道院院长协商制定了一条方针，以养护他们的树林，重新生产出建筑需要的木材。西都会修士为扩大他们的领地而采取了特殊的措施。人们从无序的乱砍滥伐过渡到了真正意义上的开采。尽管如此，13 世纪的建筑师还是感到为难。维拉尔·德·奥内库尔就是一个用有限的木材建造桥梁的行家里手。尽管石料在建材中拔得头筹，但木材依然不可或缺。它不仅可以用来建造屋架，还可以搭建脚手架。14 世纪中期，3944 棵树被用于建造温莎城堡。

与采石场的情况

15 世纪初贝德福德公爵的祈祷书中有一幅“建筑师”挪亚建造挪亚方舟的图画（见中图），突出表现了建造木制房屋的景象，并详细地展示了所有木匠工具。上图描绘的是为建造一座木桥和屋架而砍伐树木的情景。

不同，出资人通常拥有大片的森林，尤其是北部地区。他们关心的就是有一个好的产量，出产的木材质量好，至于运费则一直居高不下。

金属，必不可少的材料

第三种材料——不如前两者有名——不是自然的产物，而是出自人类的手，那就是金属。从矿石中提取到最后用于石雕，对金属的应用一直贯串着整个建筑业的发展过程。石雕的精美程度和工具的质量——锋利、牢固、耐磨——是紧紧联系在一起的。必须指出的是，地区间与工地间的差别很大：习俗的统一并不是轻而易举的。12 世纪齿锤——石匠用的大锤——在北部地区的出现被视为一项革命性的创举，只有部分石匠使用了这个新工具。

从 1120—1130 年起，西都会建筑工程的优异品质与它先进的技术是分不开的。它赋予金属以特殊的地位——发现矿藏、进行开采。例如丰特奈修

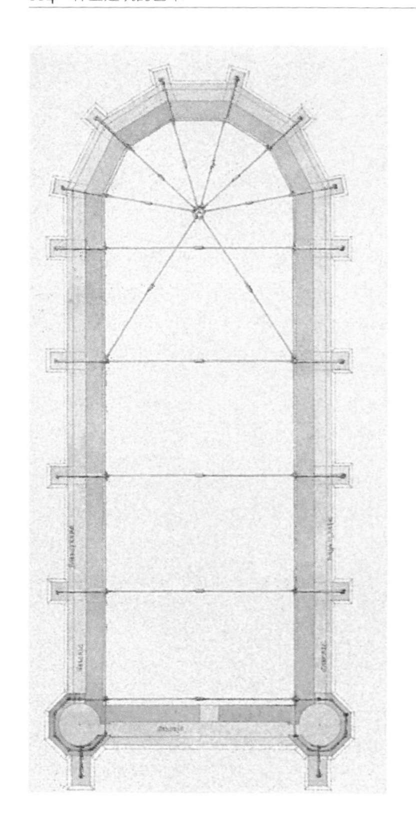

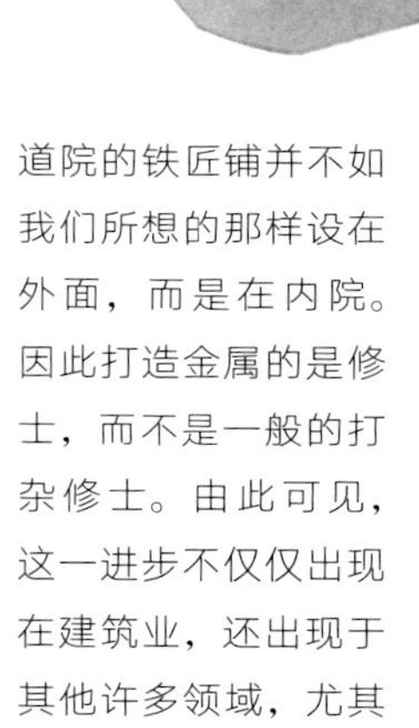

道院的铁匠铺并不如我们所想的那样设在外面，而是在内院。因此打造金属的是修士，而不是一般的打杂修士。由此可见，这一进步不仅仅出现在建筑业，还出现于其他许多领域，尤其是农业。

这项技术极有可能很快地传播开来，否则哥特式建筑也就不会被广泛接受了。此外，金属对于“辐射状”建筑极为重要：建筑物披上了铁制的“铠甲”，如巴黎的圣礼拜堂。这种钢筋砖石建筑，到了20世纪就演变成了钢筋混凝土。这需要大量的金属，也就是矿石的供应。对13世纪原材料的来源，人们至今还是迷惑不解。大量的史料告诉我们，15世纪的金属都是以高昂的价格从西班牙进口的。会不会13世纪也是如此呢？要找到答案并不容易。

完工于1248年的巴黎圣礼拜堂的第二层，环绕了两圈金属带，支撑金属带的是隐藏在屋架下的金属拉力构件，而拉力构件由固定栓固定在墙垛间。在半圆形后殿，不同的拉力构件由一个金属栓固定住，然后再装上纵向的金属杆。在下面一层，金属拉力构件将小圆柱和外墙连接在了一起。半圆形后殿的拱顶用与它们形状贴合的金属条加固。19世纪的修复建筑师拉絮斯特意绘制了这套装置的图样，尤其是固定栓的细节（见上图）。

机械

关于建筑的最后一个问题是机械和它们给人类所提供的物质帮助。无论在何处，中世纪都充满了革新的精神，即使是古代流传下来的东西，能工巧匠们也会对它们进行分析，不断地加以完善和简化。早在古代，机械就已经存在，并成为人们深入研究的对象。

早在“辐射状”建筑之前，哥特式建筑的建筑师们就已经有意识地用到了金属。最早的是苏瓦松大教堂十字形耳堂的南翼（约1170年）。圣康坦教堂（见左图）的拉力构件就安装在起拱石的正上方，起到校正拱顶推力的作用。中间的固定栓可以拉紧或松开这些拉力构件，后者所起的作用与拱扶垛同样有效。20世纪末，半圆形后殿的拉力构件被撤了下来。而中殿中的拉力构件保存了下来，正是由于它们，尖形穹顶才得以在第一次世界大战的轰炸中幸免于难（旁边的照片可以证明这一点），坍塌的只是拱肋。在战后最近的一次修复中，中殿的拉力构件也被取了下来……

到了中世纪，各国大兴土木，而奴隶制已被废除，机械就成了必不可少的工具。由于缺失文学资料，画册虽然丰富，但重复性强，对中世纪技术的研究就变得颇为棘手。我们无法证实，那些描绘工地的画家、着色画师或绘图员是否如实地再现了当时的原貌。他们中的许多人都绘有表现神话中的巴别塔的画作。图中并没有标明机械发明的时间，而是留下了这方面的空白。当然，一些史料记录了当时的情况：它们是独一无二的，能够帮助我们估量进步的速度。

从黑斯廷斯战役到金雀花家族（亨利二世、理查二世、没有领地的让）与卡佩王朝（菲利普·奥古斯都）之间长时间的战争，中

马里亚诺·塔科拉于1381年生于锡耶纳，1449年他编撰了一本名为《十类机械》的书，介绍了许多机械的仿制品。同达·芬奇一样，他不是一个发明家，而是一名在复制方面颇有才能的天才的“仿造家”。他用稍显天真的文字说明列举了机械系统：“假设要用绞车或起重系统将一口钟放到一座钟楼或塔楼上。为了能更容易地把钟吊起来，可以在另一端放一个装满石头的箱子。当钟上升的时候，箱子就下落。”（见左图）

间相隔了近150年。而从20世纪初的壕堑战到1991年的海湾战争，时间跨度虽然不大，技术的进步却令人叹为观止。

中世纪研究中的这段永远的空白对了解这个时期非常重要。

塔科拉解释的绞车，或称为四轮板车（见下图），十分神奇。很简单，并不是谁都懂得这种经常被使用的机械。这同样可以说明当时人们发现能帮助他们建造巨大的建筑物的一些技术手段。很显然，10世纪的一本古希腊手稿（见左上图）有可能是塔科拉灵感的源头之一，里面描绘了用绞盘将一根石柱吊起来的情景。

战争在建筑中的作用

从12世纪下半叶起，人们开始发明用于围城和要塞的机械。最重要的发明就是投射器（投石机或弩机），它利用钟摆的原理，将石块投掷出去。根据试验，一个由50人操作，装备了10吨平衡锤的投射器可以把一块100—150千克的石块投射到150米开外，而古罗马的

弹射器只能将一块20—25千克的石块投射到225米开外。

菲利普·奥古斯都对加亚尔城堡进行了长达几个月的围困，最后取得了成功。他所采取的一系列行动中，机械在其中起了很大的作用，是心理因素的绝好的补充。同一时期，出现了一些能工巧匠，他们用建造屋架的专门技术来打造战争机械。这一切立刻在非军事世界中得到了体现。

战争机械与民用机械之间的界限并不十分明确，制造它们的能工巧匠可以是同一个人，他们就像建造艺术建筑一样，在战争中为王公贵族服务。弹盾、“装甲起落架”（见上图）的制造就用到了屋架建造的技术。

起重机和脚手架

在古代，起重机的使用非常普遍。中世纪著名的维特鲁威，称这种机械为“三角起重架”，从而做出了清楚易懂的解释。中世纪时，“三角起重架”被完善成了起重机，尤其是使用了平衡锤和双滑轮。一旦建筑物的高度允许，起重机就直接放在地面，否则的话就放在平台上。机械的拆装都十分简单，只需要几个人就够了。此外，有的起重机可以旋转，突出的起重臂高达3米，并且安装了多个滑轮构成复滑车，这样一来，效力也可以增加好几倍。操作后的方法有很多种，最简单的就是用绞盘，当然效力有限。于是就有了轮盘的出现，这在古代也同样有名。操作时，两个人在轮子里走，带动轮盘的转动。使用直径2.5米的轮盘，一个人就可以吊起550—600千克的重物。中世纪的能工巧匠们此时又显示了创造力，他们将轮盘的直径一直增加至8米，采用双轮，让好几名工人一起踩。

轮盘的拆卸同样十分简单，这就是为什么有些建筑物的穹顶处也能见到它们的身影，有的还存留至今：博韦大教堂，马恩河畔沙隆、阿尔萨斯的教堂。人们将它们从别处移来，并让它们适应新的工作：马恩河畔沙隆的大教堂的轮盘，

康拉德·齐塞尔是西吉斯蒙德国王的巧匠，他于14世纪末撰写了《军事机械》，里面收录了一些结构特别复杂的机械，如中间的机械，包括起重机和一个水平的底座。人们从一种军事机械中获得灵感，用它在树干中钻孔，制成管道。同样，将轮盘与起重机结合在一起的设计毫无疑问也得益于12世纪下半叶军事技术的发展。

一开始放在中殿穹顶眼洞窗上方的西面第一层屋架上，后来它被移放到十字形耳堂北翼的上方，尺寸也相应地做了缩减。使用这些起重机械对脚手架产生了很大的影响。古罗马时期的脚手架很重，从底层一地面一直向上，并用横向的杆子镶嵌在砌体外面。当整个建筑物覆盖上石块以后，工匠就利用脚手架把穹顶弄上去。搁在杆子上的木板不仅是砖石工工作的地方，也可以用来放置材料。脚手架的结构应该是非常牢固的，砖石工、运送石料和灰浆的工人用活动木梯上下脚手架。

实不如虚

哥特式建筑的诞生与起重机械的发明是分不开的，后者可以直接将建材吊上去，这是一个不小的创举。脚手架不再起到搁

就像古代一样，起重设备非常简单：起重机和轮盘。对于前者来说（见左图），在石料不是很重的情况下，一个吊钩就够了，对于后者（见右页图），用来吊更重的材料，借助的是抓钩。《世界编年史》的画师（见左图）在绘画绳索的时候犯了错，绳索应该是从底下往上扣，而不是从上至下……右图的轮盘构造简单，可以随着建筑物的建造级级上升，直至顶部。一部分轮盘甚至保留至今，如索尔斯伯里大教堂的轮盘可以追溯至14世纪，可直到今天还在发挥作用。

板的作用，而是供单个砖石工使用的工作平台，因此其重量就大大减轻。甚至还出现了可移动的脚手架，也就是说不是拔地而起，而是挂在墙面上。建筑师们还首创了螺旋式的梯子，可以方便工匠们上下走动。至于横向移动，有

Philippe FIX

这幅描绘大教堂施工的现代画作如实展现了哥特式建筑工地的面貌：宽广、高大的建筑呈现一派繁忙的景象。施工在几处不同的地方同时进行，如左图右下方正在建设的西面的地下室。它展现了建设的各个阶段，从祭坛到墙面，从奠基到盖顶。唯一的不准确之处就是正殿与南面耳房的盖顶。

时可以通过依靠墙的厚度开辟出来的通道。尖形穹顶的建造用不上直立的，也就是起始于地面的脚手架，而是用沿墙而上的活动脚手架，这样工作平台就特别的大，以方便搭造沉重的木制筑拱模架。此外，它还便于拆装，从而可以根据需要和工程的进度重复使用。

如果建筑师不高贵，就永远不可能有高贵的建筑物

这种高超的技术只有在大教堂、著名修道院及重要民用建筑的工地才能看见。对于一些普通的工程，则完全是另一回事：无论是石材的使用还是建造的方式，采用的都是传统的技术。大教堂与乡村教堂之间的差距直到今天依然存在。正如德方斯的博爱门与商品宣传手册上的小屋之间的差别。如果考虑不到这一点，就会在判断的时候犯下大错。

中世纪的建筑师与文艺复兴时期、古典时期的建筑师并无多大的差别。这些人与选择他们的出资

人紧紧联系在一起，尽其所能地实现雇主的梦想。离群索居的他们则是一群充满幻想的人。有朝一日，当他们遇到出资人，在后者的指示下将其思想转变为现实，他们的才能才得以发挥。建筑业的诞生正是得益于出资人与建筑师的这种结合。

哥特式建筑的建筑师特别重视脚手架的问题，他们想方设法地将其简化与缩减（上图是15世纪一所修道院的建造图）。

为了说明教会，也就是基督教社团究竟是什么，15世纪的一位艺术家画了一幅象征画，里面的大主教、先知、王公贵族、使徒、殉教者和神甫一起在建造“教堂”（中缝）。每个人的手里都拿着工具。在第四层还可以看到玻璃的安装。

见证与文献

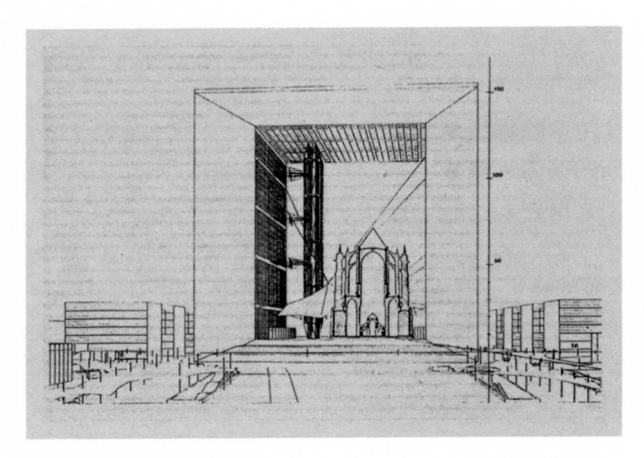

同一比例的康博罗内教堂、博韦大教堂（剖面图）和德方斯的博爱门

仔细地分析中世纪遗留至今的建筑物并不能明确地了解当时所应用的技术和施工的情况，于是图片——通常是后人创作的，有的还被烧铸成铝板，尤其是文献就变得极为重要了。虽然数量众多，但是阅读并不容易，到目前为止，只有少数的资料被加以利用，至于翻译成现代法语，就更加少了。

菲利普·莫罗先生负责翻译拉丁文，古法语则由于格斯·普拉蒂埃先生翻译。

建筑师

11 世纪初，教会的与世俗的出资人没有找到能实现他们伟大梦想的建筑师，于是就有必要培养建筑师。到了第二代，建筑师们纷纷崭露头角，招致了人们的嫉妒。

修道院院长艾拉尔的继任者蒂埃里的工程，兰斯的圣雷米教堂

（安塞尔姆，《历史》，1039）

艾拉尔发起修建了一项巨大的工程，这在当时是独一无二的，以至于无法将它完成好。他的继任者，蒂埃里决定将它毁弃，并根据当时的现实重新建造。

中世纪的画师描绘了建筑师特殊的社会地位：他们手中拿着直尺、圆规或是角尺

1005 年，艾拉尔以当时许多著名高级教士为榜样，决定重建修道院教堂。他请来了著名的建筑师，从地基开始，准备建造一座比当时法国任何一座建筑更为精美奢华的石头大厦。然而，正因为如此，无论是他，还是与他同时代的人，都没有看到建筑物的落成。在行使了大约 28 年修道院院长的职责之后，他无法逃脱岁月的安排，撒手归西，没能看见工程的最后完工。

他死了之后，继任者蒂埃里想完成他的事业，但任务是如此的沉重，蒂埃里无法将其执行到底。于是他听从了手下最有理智的僧侣和兰斯最受人尊敬的人士的合理建议，决定毁弃前任留下的部分建筑，而保留了建筑师认为有用的一些基础，然后重新建造一座更为简朴但更加合适的教堂。

他在荣升修道院院长之后的第 5 年，即大约 1039 年开始这项工程。在俗教徒与教士都愿意帮助他：修会的许多成员贡献了自己的运货车和牛用来运送材料。人们在还没有地基的地方打上了地基，恢复了原先拆毁的教堂的支柱，

仔细地装上了弯拱，教堂在建筑者的手中渐渐成形。当各处长廊的墙耸立起来，中殿的屋脊也完工之后，人们就彻底拆除了由英克马尔建造的老教堂，并在教士做日课经的地方安装了临时屋顶，这样教士们就可以躲避坏天气了。

1045年，工程尚未完工，蒂埃里院长却在任职11年零8个月之后过早地去世了。继任者埃里马尔以前是修道院院长，因此他早就是蒂埃里修建教堂的得力助手之一，并贡献了许多自己因职务所得的津贴。他很快就完成了前人剩下的工程：包括已经建造得差不多的十字形耳堂的右翼、只有一个地基的左翼，以及通往上层的楼梯。最后，他用奥尔拜修道院附近的树林提供的大梁建造了建筑物的屋架，从而完成了各部分的工作。

莫尔泰

发表于《建筑史文献汇编》

1094年，伊夫里塔楼的建造

（奥尔德里克·维塔尔，《教会史》，1133—1137）

天才招致祸患：埃夫勒附近的伊夫里拉巴塔耶塔楼的建造者——朗弗瓦，引来了杀身之祸。

毫无疑问，伊夫里的要塞天下闻名，它雄伟而又固若金汤。下令建造它的是巴约伯爵拉乌尔的妻子奥伯蕾。鲁昂大主教的兄弟、巴约主教让曾在此逗留过很长一段时间，以对抗诺曼底公爵。据说，上述的那位夫人为了不让建筑师朗弗瓦在别处建造类似的建筑，就命人砍去了他的脑袋。朗弗瓦是在建造皮蒂维耶塔楼之后承接这项工程的，他的才能超越了当时法国所有的建筑师。最后，伯爵夫人也因为妄想独占这处要塞而被丈夫杀死。

莫尔泰

发表于《建筑史文献汇编》

主教罗热建造的索尔斯伯里大教堂（纪尧姆·德·马姆斯伯里，《英国皇家教皇的管理》，1107）

索尔斯伯里的主教罗热生于诺曼底，他将自己国家的技术带到了英国。

主教非常慷慨，只要他认为有必要，就从不吝啬花费，尤其在建筑方面。这样的例子在许多地方都能找到，特别是在索尔斯伯里和马姆斯伯里。事实上，他在马姆斯伯里指挥建造了许多大建筑物，由于投入了巨资而显得豪华无比，气势恢宏，各个部分都建造得十分精致，石块之间天衣无缝，仿佛整座建筑物由一块石头砌成。他重建了索尔斯伯里大教堂，赋予它精美的装饰，使其压倒了英国的其他教堂。他可以毫不掩饰地对天主说："上帝，我喜欢您住所的美丽……"

莫尔泰

发表于《建筑史文献汇编》

索尔斯伯里主教罗热创造的建筑物之美（亨里齐·亨坦杜南西，《英国历史》，1139）

艾蒂安不动声色地在自己的宫廷中接待了索尔斯伯里主教罗热和他的侄子——林肯主教亚历山大等人，然后命人用武力抓住了他们。随后，国王将他们带到了罗热的一座名为德维兹的城堡内，欧洲任何一座城堡都不及它雄伟。通过这种方式，国王凭借武力将城堡占为己有，完全遗忘了他在统治初期已经获得了比任何人都要多的好处……他用同样的方式还强占了仅次于德维兹城堡的舍伯恩城堡。

莫尔泰

发表于《建筑史文献汇编》

汉斯·伯布林格建造的埃斯林格尔教堂的正祭台图

康斯坦茨大教堂盘梯的正视图

建筑师戈蒂埃·德·瓦兰弗罗瓦为建造莫城大教堂签订的雇用合约（1253）

很早以前，出资人和建筑师就通过合约联系在一起，在13世纪，合约的使用越来越普遍。

莫城的主教、长老及教务会向所有阅读此文本的人致以天主的敬意。我们宣布，我们根据下列条件委任莫城教区的戈蒂埃·德·瓦兰弗罗瓦大师建造本教区的教堂：只要我们、我们的继任者及上述教务会允许他建造上述工程，他每年可得到10个利弗尔。如果他长时间因病不能工作，他就不能得到上述10个利弗尔。他去工地工作或因公外出，每日还可得到3个苏；同样，没有我们的许可，他不得承接本教区以外的工程。此外，他可以获得工地用不着的木材。没有莫城教务会的许可，他没有权利去埃夫勒的工地或莫城以外的工地，或是在那里逗留2个月以上的时间。他将住在莫城，并发誓要忠于上述工程，尽心尽职地为其工作。立约于公元1253年10月。

引自彼得·库尔曼
《哥特式大教堂的建造者》

吉讷伯爵波杜安的阿德尔堡垒，西蒙大师和工地工人的作用（1200—1201）

一旦出现对专业的建筑师的需求，建筑师的职业化问题也就被提了出来。

吉讷伯爵波杜安及家人和布洛涅伯爵雷诺都在设法加强自身的防御。阿尔努·德·吉讷亲眼目睹了父亲吉讷伯爵波杜安加固和修补原本已经固若金汤的城堡和要塞。由于阿德尔地处吉讷的中心，比吉讷其他城堡和要塞都要来得富裕，因此这片土地就自然而然地招来了敌人的嫉妒……于是，在其父亲、门客及阿德尔要塞有产者的建议下，阿尔努·德·吉讷决定加强对阿德尔的防御。工事一直延伸到了防卫圣奥梅尔的城墙边界：他用城墙将阿德尔围了起来，虽然围防的两翼最终并没有完成，但它依然是吉讷独一无二的工程。大批的工匠聚集在一起挖掘壕堑……

西蒙大师是一位几何学家，由他负责工程的指挥，带着直尺四处丈量。然而，与其说他是在用尺子丈量，还不如说他用的是眼睛。他早已在脑海中勾勒出了工程的雏形。他下令拆毁了房屋与谷仓；捣毁了果园，无论是正在开花的，还是已经结果的树都不能幸免于难；他堵塞了从前花巨资开辟出来的通道……他毁掉了菜园和亚麻种植园；他将良田变为道路。无论人们是高声地表示愤慨还是无声地抱怨，他都不加理会。农民们戴着发来的风帽和连指手套，用运输泥灰石和肥料的大车运来石料，铺在地面上……

掘墓人拿着锄头，翻土人拿着铲子，垦荒者拿着鹤嘴镐，掘地人拿着木槌，工匠们在防御工事旁劳作着，水准测量员、夯土的（负责将土压平），每个人手中都拿着适用的、必不可少的工具。除此以外，还有装卸工、搬运工，或是铺草皮的，手里拿着根据工头命令从草地上割下来的草皮。代表领主的官吏手里拿着粗大的木棍，要么大声地呵斥工匠，要么督促他们按照建筑师事先嘱咐过的要求进行施工。

引自富尼耶
《中世纪法国的城堡》

特鲁瓦大教堂施工中建筑师与工人的薪酬制度（1365）

建筑师的薪酬制度有明确的规定。

1365年7月12日，星期六，出席教务会会议的有长老、圣马尔热里的主教代理、阿尔塞克斯的主教代理、埃马尔·德·圣乌尔夫师傅、雷诺·德·兰格尔师傅……负责特鲁瓦大教堂施工的建筑师托马师傅与上述的长老及教务会签署了关于托马师傅建造特鲁瓦大教堂所获薪酬的合约，规定如下：从即日起到下一个圣雷米日，托马师傅在工地工作

1473年1月26日圣雅克朝圣者济贫院回廊拱门合约附件中所附的图样

的日薪为3个半图尔苏；从上述之圣雷米日到接下来的复活节日，他工作的日薪为3个图尔苏；此外，只要他为这项工程工作，他就能按约定的条件与方式每日获取薪酬。在上述工程保证为其提供住宿与每年的服装的情况下（由于他曾经是该工程的砖石工的领班，因此工地已长期供给他住宿），托马师傅以圣福音书的名义起誓，在为上述工程工作期间遵守合约的规定，准确、忠实、勤劳地为上述工程工作；没有长老与教务会的许可，不得承接特鲁瓦或别地其他的工程。

阿尔布瓦·德·朱班维尔
沙特尔学院图书馆
1862

修建巴黎圣雅克朝圣者济贫院回廊拱门的一份合约（1473年1月26日）

圣雅克朝圣者济贫院的业主与管理者们制定的合约非常明确。定做的拱门的图样作为文本的附件也包括在其中。

住在巴黎圣让墓地前夏尔通街的石匠纪尧姆·莫宁与巴黎教堂、济贫院、圣雅克济贫院及善会的业主与管理者让·舍纳尔老爷，还有吾王陛下国库的看守人纪尧姆·勒·雷、尼古拉·费雷、让·德·克雷维居埃签订了一份合约，应他们的要求，用伊夫里的石料为位于莫孔塞伊街的上述教堂的大庭院建造一扇石门。门宽约9法尺(法国古长度单位，相当于325毫米)、高约11法尺，厚度为19—20法寸（法国古长度单位，约合27.07毫米）;他还要负责石料的搜寻、运输与切削，费用由对方承担；上述业主应在门基建好后的一周内提供给他所需的灰泥。合约中还规定，在他按所附图纸完成该项工程之后，上述业主应付给其37个图尔利弗尔。

菲利普·洛朗兹
《哥特式教堂的建造者》

工地

尽管中世纪末期的画匠们都热衷于表现施工的场景，但我们对工地的实情还是不甚了解。无论是账目还是文字记录，能够重现那个丰富多彩、生机勃勃的时代的文献少之又少。建筑物的建造要求会集众多的专业人士，方能成就典范的建筑。

努瓦耶要塞的建设（1106—1206）

编撰《欧塞尔主教行传》的作者详尽地记录了要塞的建造。

努瓦耶要塞是于格斯·德·努瓦耶的祖产，因为其祖先的功绩而远近闻名……我们认为完全有必要描写一下他为修缮这处要塞所做的努力及投入的巨额资金。要塞的内城位于山脚下，一条名为“宁静”的河流流经各处。他在每面墙的最高处都建造了坚固的石制或木制的发射装置。尽管要塞的一面依山而建，有着天然的屏障，可他依然在山石中挖了壕堑，还加固了城门。要塞的主体部分位于山顶，那里留有大片的空地专门用来放置机械；要塞原先已有围墙，外围的城墙尤其坚固（那是由克雷朗博主教的兄弟在死前不久建造的），但他又在此基础上，在内墙的后面建造了一堵更高更厚更坚固的围墙。在两堵墙的中间还建造了一座坚固的塔楼。沿着外墙，他在岩石中挖掘了陡峭的壕堑，还在前方的山中布置了壕沟，为的是用这些障碍将敌人远远地阻挡在要塞的主体部分之外。在外墙上，他设置了一些凸

16 世纪斯特拉斯堡石匠住处的徽章

在工地上，各个行业的人之间的合作是极其重要的

起的装置，并使之与外墙连为一体，还在上面盖上十分坚固的木梁，这样一来，里面的人就不用惧怕投射物、投射器或是敌人任何其他企图，无论它们有多么厉害；同时，有了装置的掩护，里面的人就可以阻挡来自壕堑和与壕堑连为一体的外墙的进攻了。

除了建造要塞的主体部分的围防工事之外，他还建造了一座华美的宫殿，作为要塞主体部分防御工事的补充。那是一处舒适的住所，装饰豪华而又富有品位。他在酒窖——位于塔楼的下面——与地势较低的宫殿之间修建了地下通道，这样当他需要酒或其他食物的时候，就不必从要塞的主体部分出入：食物可以用墙下的箩筐从要塞的中心运下来，而酒和水则被小心翼翼地用布置巧妙的铅管运送到山下。这些食物是供应给城寨的守卫部队的。人们用栏杆将其妥善地保管起来以满足需求。此外，他还给要塞的主体部分配备了武器和其他用于防卫的器械。他斥资购买了被划入高处要塞围墙里的骑士的房子和其他房屋，并将所有权转让给了他的侄子：

这样领主的宫殿就位于要塞主体部分的围墙之外，那些想在宫殿里拜访领主的人就不会惊动守卫了。在非常时期，所有外来的居民都要被清除在外。如果领主对谁不信任，就可以不允许其进入高处的围防。出于同样的原因，他将要塞的教堂设在了围墙的外面，在围墙里只准有领主的小教堂。他是一个宽宏大量的管理者，这样的情况一直延续到他的侄子接管；他捍卫着自己的领土，威严地抗击周围领主的侵略与攻击；他有充足的理由将众多觊觎他土地的人的妄想击个粉碎，因此在受他管辖的人的眼里，他让人望而生畏：他行事谨慎，一次次地粉碎了勃艮第公爵及其他王公贵族对他或对他的城寨的威胁。

莫尔泰

发表于《建筑史文献汇编》

在许多地方，和埃诺一样，由于缺乏优质的石材，只能改用砖块

由让·德·多尔芒的遗嘱执行人所写的博韦学院工程报告（1387）

这份资料很好地展现了工地运作的情况：公布工程预案或招标书、对工地视察、付给工人的实物补偿……

为了贯彻与执行上述决定与领主的指令，不久以后，雷蒙师傅拟就了一份关于上述建筑物之外形、材料、建造方式及厚度的报告，并由其学徒誊清，目的是将此项工程与工程预算公之于众，招募有能力完成优质工程，而且要价又低的工匠。报告被拿到格雷弗广场，所有的工匠都看到了它，尽管在报告出台之前已经有人在辛勤地为工程工作。许多砖瓦工在读了报告知晓这一情况之后，都纷纷表示要承接上述工程，并在原先的报价上打了很大的折扣；然而，经过几次协商，根据雷蒙师傅的意见与决定，从最有利工程的角度出发，合约以低于原先报价的价格交给了最先来的砖瓦工，他们将每天工作，直至有人愿意以更低的价钱承接该项工程。他们是让·苏多瓦耶和米歇尔·萨尔蒙，石匠兼砖瓦工，住在巴黎，在此之前，他们曾经参与该学院小教堂的建造。上述砖瓦工将根据报告规定之价钱与内容进行施工，还应遵守在巴黎夏特雷所提条件。

让·苏多瓦耶（石匠）和米歇尔·萨尔蒙（砖瓦工）……与尊贵的大人吉勒·德·阿普雷芒、多尔芒学徒学院院长共同签订了一份合约，负责一幢房子主体部分的工程……价格为每建造 1 个图瓦兹（法国旧长度单位，约等于 1.949 米）23 个索尔（古苏）……1387 年 9 月 7日，星期六……。

星期四，圣约翰砍头节，雷蒙师傅来到工地，会见了砖瓦工、采石工和其他人……他丈量了从地基到第一层的高度，让人记录下的总面积为 83 个图瓦兹，价钱为 1 个图瓦兹 7 个索尔，共值 29 个利弗尔 8 个索尔。

由于一下子从尚蒂伊运来了好几车的石材，人们没有充足的时间进行检验，于是就指派了一个一直在工场工作的可怜的石匠去检验这些石材是否合适，做这项工作，他可以得到 4 个索尔。

10 月 14 日，星期一，雷蒙师傅来到工场，视察了所有已经完成的工作，他受命让人推倒属于让·奥当师傅的房子。同一个星期一，德·巴里先生的路政官来到工地，正在建造房屋的这片土地就属于德·巴里。当时雷蒙师傅也在场，为了获得上述道路的使用权，在雷蒙师傅的指示下，付给对方 20 个索尔。

施工的时间正值夏季，白天漫长而又炎热，人们要搬运石料、石灰、沙石和别的建材，因此为了不受指责，要让工作的人多喝几次水。

10 月 18 日，星期五，是圣吕克节，尽管根据教会的规定，人们在这一天应该停止工作……但工场依然没有停工。

某日，当工匠们铺设墙基的时候，

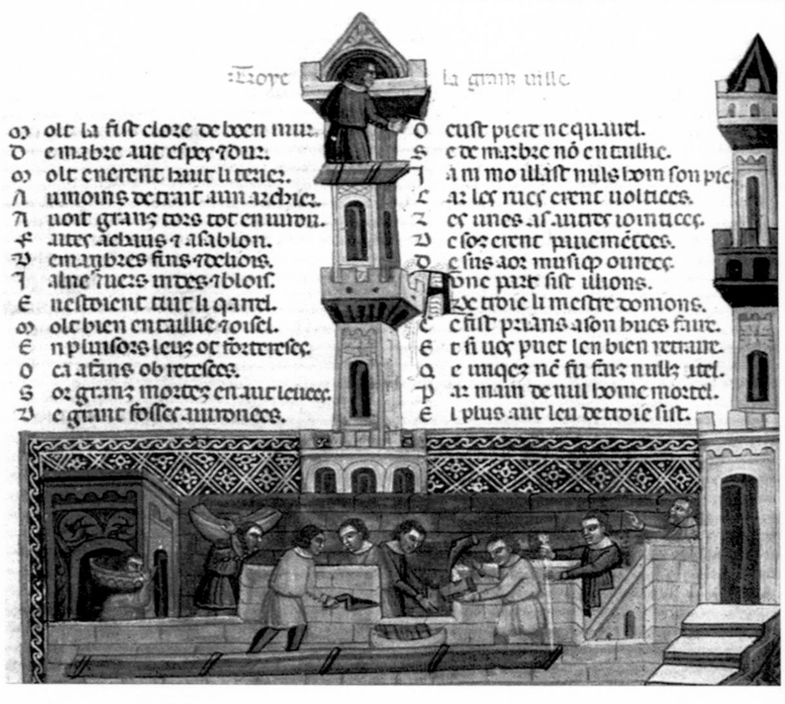

《特洛伊城的重建》是画师们喜爱表现的主题之一

严寒渐渐逼近，干砖瓦活的季节接近了尾声。砖瓦工们吃午饭的时候，他们中的一些人要求当他们休息的时候，采石工还应继续工作。那些采石工……希望他们有相同的作息制度。于是，人们将吃的、喝的送到了采石矿边，这样采石工的工作就不会中断。为此……给付 4 个索尔。

斋日，在工厂里，砖瓦工和普通工一致要求按工场的惯例，大家一起吃一顿羊肉。

3 月 19 日，星期六，木匠科林 · 科门按雷蒙师傅和雅克 · 德 · 沙特尔师傅的指示来到工场，签订了一份关于建造屋架的合约。

耶稣升天节快到了，工场里长期工作的砖瓦工和普通工一致要求，根据所有类似的工场的惯例，他们可以在耶稣升天节一起吃饭并提前拿到薪酬。雷蒙师傅作为工地所有工匠的头，决定……

如同今天一样，中世纪的工地也经常发生事故

如果学院同意，那么工匠们就可以和他们的孩子及学徒一起吃午饭。雷蒙师傅偕同他的妻子及许多知名人士也参加了此次午宴。

将近7月20日，德·博韦先生路经工场，看望工匠并视察了工程，他嘱咐他的膳食总管给每个工人一个法郎的小费。

引自富尼耶
《工业阶层的研究》

材料

为了建造能与古代遗迹相媲美的建筑物，优质的石材是必不可少的，不仅要便于开采，还要方便修磨。11 世纪时，不论是英国还是法国，人们对采石场一无所知，因此必须对土地进行勘探。同时，要找到合适的建造屋架的木材，也并不是一件容易的事：先要种植乔木，而必须等到树木成熟才能加以开采利用。

黑斯廷斯附近巴特尔修道院的建造
（《巴约修道院编年史》，1066）

建材的运输是出资人与建筑师最操心的事情之一。由于缺乏石材，英国不得不从诺曼底进口石料。

因此，在当时，就连国王也要为建筑材料的运输操心。他决定在一个丘陵上建造教堂。可修道士提出，当地的土质干燥，干旱缺水。所以，如果国王认为合适，应该在邻近地区选择一个更适合这项重要工程的地方。国王听了这番话，愤然离去，并下令立即在他曾经战胜敌人的地方铺下教堂正祭台间的基石。修道士们不敢公然违背他的命令，才找了缺水这个借口。为此，宽宏大量的国王说了下面这段令人难以忘怀的话："如果在天主的帮助下，我不被生活所抛弃，我就能看见教堂在这片土地上耸立起来，这儿的美酒将比别的任何一个大修道院的水还要多。"附近的土地都覆盖着森林，因此在很大一片区域内部无法找到建筑用的石材，于是修道士们又开始抱怨起建筑用地来。国王只能尽其所能，倾尽所有，甚至派出自己的船走海路从卡昂运来了工程所需的石材。修道士们按国王的决定行事，用船从诺曼底运来了一部分石材。这时，一个修女获得了上帝的启示：人们根据她的幻觉，在一个地方挖掘出了大量建筑可用的石材。他们按命令在建筑用地附近的区域搜寻，终于找到了大量优质石料，仿佛是神为了

出于方便与经济的考虑，往往在工地现场生产砖石

提供给工程所需石材而下令在那里埋藏了古老的宝藏。终于，人们打下了这项当时看来十分重大工程的屋基，然后根据国王的指令，在当年打败哈罗德国王军队的地方精心地设置了主祭台。负责工程建设的都是经验丰富的能工巧匠，他们对生意的事嗤之以鼻，不像国王的官员们，将自己的利益看得比耶稣基督还重要。工程的开始虽然显得漫不经心，但是由于专家们的热忱，它还是一步步地朝着应有的目标发展着。

与此同时，修道士们在教堂的下面给自己建造了居住用的小房子，投入的资金并不多。令人不快的是，工程一拖再拖。为了加快施工的速度，国王投入了大量的资金，可是用时却任意挥霍。国王捐赠给工程的大部分物资由于缺乏严格的管理而被人侵吞挪作他用。

莫尔泰

发表于《建筑史文献汇编》

库唐斯附近雷塞修道院建设所需木材的供应

（建立修道院之文献，1080）

另一个难题，就是脚手架和屋架所需木材的来源。

里夏尔，又名图尔申·哈尔杜浦，与他的妻子安娜及他们的儿子厄德为了表示对上帝、三神和圣母的敬意，决定在库唐斯的圣欧珀蒂内领地上建造一座

建筑师的首要任务是找到石材与木材，上图是 12 世纪的伯尔尼城的建造

教堂，该教堂不隶属于其他的修道院，修道士们可以按自己的教规敬奉上帝。工程得到了库唐斯主教若弗鲁瓦的支持与诺曼底公爵纪尧姆的许可。围地内外的建筑，无论是已经建造好的还是将要建造的，都要定期征收什一税：围地外面的木料用来建造教堂、修道士的住房及所有他们需要的建筑物；取暖的木柴来自巴尔特树林；围地以外树林中的枯木供应给为修道士养牲畜的人生火用；还有用来建造及修补房屋的木材。

莫尔泰

发表于《建筑史文献汇编》

建造圣丹尼修道院屋架所需木材的搜寻（苏格尔，《祝圣》，1140）

关于木材供应困难最著名的描写文章出自圣丹尼修道院的出资人苏格尔之手。

为了找到建造大梁的木材，我们咨询了本地和巴黎的工人，他们回答说由于森林资源缺乏，在这里不可能找到合适的木材，必须从欧塞尔引进。他们众口一词，而我们不得不考虑工程的浩大和已经延误很久的事实。一晚，黎明将近，我躺在床上想，我应该亲自走遍附近地区的树林，四处看看，如果能找到梁木，就能缩短工期，使工程尽早完工。于是，我立刻将所有的烦心事抛在一边，一大早带着木匠和梁木的尺寸前往朗布依埃树林。我穿越了谢夫勒斯山谷，召来了我们的执达吏和看守土地的人，他们对树林了如指掌。我问他们，是否能在那里找到符合尺寸的梁木。他们笑了笑。如果可以的话，他们肯定会哈哈大笑的。他们惊讶于我们竟然会不知道，那里是绝不可能有我们需要的东西的，特别是自从谢夫勒斯的领主米龙（此人是我们的下属，与另一个人一起拥有一半的树林，长期以来他一直支持对国王和阿莫里·德·蒙弗尔的战争）为自己建造了许多三层的防御楼塔之后，所有的一切都破坏得面目全非。至于我们，对那些人说的话置之不理，抱着强烈的信念，开始在整个树林搜寻起来。一清早，我们找到了一根符合尺寸的梁木。还应该做些什么呢？直到9点钟（古罗马白昼的9点钟相当于下午3点）或稍早一些，我们穿过荆棘丛，来到密林深处，在场所有的人都吃了一惊：我们找到了12根梁木，这正是我们需要的。我们欣喜地将它们运到工地，放置在新建筑的屋顶上。感谢上帝将它们保存下来，也感谢殉教的圣者使它们逃脱贼人之手。

用大量的沙石和高温窑炉制造用于彩绘玻璃窗的玻璃

引自金贝尔

《大教堂的建造者》

普罗万的科尔德利耶教堂工程的预案（1284）

墙体的保持经常是中世纪建筑出资人的忧虑：在节省的同时又要给后人留下纪念。

首先，修道院将被完全拆毁，直至与地面齐平。前面的山墙和边石的厚度与原来的一样，侧翼的边石将被放置在沿原先侧翼的位置排列的圆柱和石拱上。这些石拱的头线的高度与它离支撑中殿屋架的盖顶的间距一样；两个拉力构件之间是石拱，长度和原先侧翼要求的一样，至于石拱的厚度由木匠决定。庭院这边的山墙在跟石拱同高的地方有一段石柱，高 6 法尺，厚度为 3 法尺；石柱的顶端是一个防水层面，位于山墙的大方脚下方。在侧翼的小边石上，有一扇窗与每一个石拱同高，它要比侧翼前墙上的窗户高 2 法尺；侧翼的窗户超出了小边石，与中殿边石上的石拱齐高；至于前墙上的窗户的高度，视前墙而定。侧翼的每扇窗户之间有一高 3 法尺、厚 2 法尺的石柱，石柱的顶端是位于大方墙下方的防水层面。边石上与每根石柱齐高的地方，挖有檐槽，以泄雨水。侧翼应按照上述之说明建造。

工程应于 3 月份开始，至每年的诸圣瞻礼节停工 3 年后的圣约翰节交付使用，届时雅克·朱利安大人将付给普罗万的让·德努埃、艾拉尔和吉尔师傅 700 个图尔利弗尔。此外，还要提供给他们工程所需的石灰、沙石、铅和铁。巴黎来的石块从福斯－高蒂埃港口运到普罗万。为了搭建脚手架，双轮大车每日在普罗万和木材、沙土的采掘地来回运输。

莫城和普罗万的大法官纪尧姆·德·米西告知所有看见和听说本函的人，法庭传召了砖瓦工让、艾拉尔和吉尔到庭，为此事而任命的当庭陪审员有普罗万的让·勒皮卡尔教士、普罗万的资产者托马·德·弗朗斯。三人自愿在陪审员面前承诺，他们会按照上述说明拆毁和重建该修道院，而上述之雅克·朱利安为此要付给他们 700 个图尔利弗尔。他们承诺，将准确、忠诚地完成上述工程，并在最后期限即 1287 年的圣约翰节竣工。

发表于《建筑物通报》
1897

砖瓦工让·德·罗斯师傅为建造巴波姆城堡签订的合约（1311）

一些合约中对工程使用什么样的建材，尤其是石材做了明确的规定。

阿拉斯大法官托马·博朗东谨向所有看见和听说本函的人致以问候。砖瓦工让·德·罗斯亲自到庭，在我们及阿图瓦夫人的下属，也就是吉拉尔·德·萨勒律师、让·泰斯塔尔和让·德·埃斯坦布尔面前，确认为阿图瓦夫人在位于巴波姆的城堡建造一间长 80 法尺、宽 70 法尺的大厅。四周的墙高 40 法尺、厚度为 5 法尺。在其中一面墙上，将搭建一个固定在顶部的石拱，与顶的开度相适合，拱上还会饰以卷缆花饰。大厅的两头将会有四扇大窗，两边也会有四扇窗，尺寸根据需要决定。此外，还有六扇样式不同的、镶有窗框的双层窗。大厅中还会在合适的地方装上两个壁炉。在大厅的中央将竖立四根支柱，两根独立，两根靠墙，它们承载的是三个高达屋顶的石拱，其横肋完全由砖石砌成。中间的墙面与周围的墙一样高40法尺，内外都装有上楣。支柱由底部到柱头一律精雕细琢。在大厅的两端，将根据屋顶的高度砌两堵人字墙。墙上将涂有法式的防水层面，并配以大量的浮雕、雕球饰和枪头饰。在大厅的四个角，将建有墙角塔，中间另有一座塔。四座墙角塔起于柱顶盘下方，另一座起于地面，厅内将有一螺旋式楼梯通往堞道。在大厅的周围，筑有雉堞，上面有路可以通行。两面人字墙缩入里面，这样，堞道就在人字墙的外面了。大厅里将会开有足够多的门。四座墙角塔将与堞道齐高，并像其他部分一样，筑有雉堞。如果希望墙角塔高出堞道10法尺，必须在周围建造盖顶，屋顶就可以架在盖顶的上面。厅中的四根柱子由粗陶土建成。除去运输，费用由让·德·罗斯负责，防水层面和柱头应饰以浮雕和叶饰。两根独立的柱子由整块材料做成，如果合适，高15法尺、厚度为18拃；另两根柱子与墙面砌在一起。排水管要设置足够多的滴水。至于屋基，应深入地面3法尺，费用由让·德·罗斯负责；如果要更深，费用则由夫人负责。

上述之工程由让·德·罗斯负责，工匠与工程的费用包括在他获得的300个巴黎利弗尔之内。材料由夫人供应：石材、石灰、沙石、栅栏、滑车、绳索等所有工程所需之物；建造栅栏和四根支柱的费用由让承担，运输费不包括在内；如果工程超支的费用在10个利弗尔之内，由让自己承担，薪酬按商定的支付；如果超支在10个巴黎利弗尔以上，付给他的薪酬将增加，但要扣除10个利弗尔。让必须用事先为该工程准备好的石料，费用则从薪酬中扣除。他应以正确的、令人满意的方式于本季之内完成该工程。

里夏尔
《高贵的女伯爵阿图瓦和布戈涅（1302—1309）》
1887

让·莫朗为建造埃斯丹济贫院所签订的合约（1321）

这份合约在订单、脚手架和木材供应方面有详细的规定。

这是高贵的夫人为确保埃斯丹济贫院工程的顺利进行准备的工程预案，大法官以阿图瓦夫人的名义与让·莫朗签订了合约。内容如下：

上述济贫院应长160法尺、宽34法尺；墙高21法尺，其中5法尺埋于地下，16法尺露出地面；厚度为3法尺，在离地面3法尺处，墙身厚度缩减约3拃。

每一边应有高16法尺的支柱。每一面人字墙处，应有2根柱子，2扇宽10法尺的窗子，高则与宽成比例，且每扇窗子有3根中梃及窗框。两侧的墙上则都是窗子。每根柱子之间是一扇窗，窗宽4法尺，高与宽成比例。这些窗子都应倒棱，里外有支柱。无论是人字墙还是侧墙的窗子上，从滴水开始，内外都要建有盖顶。侧墙里外都要有盖顶，每根柱子应有3法尺半的凸出部分，人字墙和侧墙处的石柱在与柱顶齐高的地方应有缩进。

让·莫朗师傅应按上述要求进行施工，费用由其承担。在短期内，木材由对方供应。工程所需的梁木与整块木料由他负责供应。我们负责其他材料的供应和运输，以及用于建造栅栏的木料、护条和绳索，建造的费用由他负责。一旦工程完工，剩余的木料、护条和绳索归其所有。

里夏尔
《高贵的女伯爵阿图瓦和布戈涅（1302—1309）》
1887

建造特鲁瓦大教堂屋架盖顶的合约（1390年10月11日）

在工程支付费用方面，合约对建材的供应与使用（这里指的是屋架与盖顶）有着极为严格的规定。

蒂博·康斯坦谨代表缺席的特鲁瓦司法官勒诺·贡博向看见及听闻本函的人致意。

大家都知道，在由国王陛下任命的本案陪审员艾蒂安·德·圣塞比尔克雷和让·德·都尔万面前，住在兰斯的让·纳弗，即莱斯卡永和其住在特鲁瓦的兄弟托拉尔·莱斯卡永自愿确认与尊敬的特鲁瓦教会长老及教士们签订合约，建造该教会教堂的屋架盖顶，范围从大甬道的大柱子到侧面的那根柱子，及横跨上述甬道的拱顶。盖顶用的材料应是出自希尼或富瓦尼的坚硬板岩，上述兄弟应负责板岩的运输及施工所需的钉子和板条。他们应根据上述要求于下一个圣蜡节完工。届时将由专门人士评定工程的质量。上述高贵的人士将负责供应工程所需的木板，此外，将根据上述合约总共付给他们350个图尔利弗尔。兄弟俩将通过上述教堂的建筑师，在陪审员在场的情况下，从这笔钱中先得到100个图尔利弗尔，剩余的250个图尔利弗尔将由上述高贵人士按下列方式支付：于下一个圣安德烈使徒节支付100个图尔利弗尔，圣诞节后的20天再支付100个图尔利弗尔，当工程完工时，支付剩余的50个图尔利弗尔。兄弟俩在陪审员前立誓，违反合约的话将被关进监牢，还要以他们和继承人的财产（动产与不动产，现有的和将来的）担保，将上述财产抵押给法院。他们保证按约定的方式毫无差错地完成工程，如有差错，他们将赔偿损失。兄弟俩将弃绝一切有违本函或本函之内容的无谓之举动。根据上述陪审员之决定——有其签名为证，我用上述司法官之印封缄本函，特此为证。

阿尔布瓦·德·朱班维尔
沙特尔学院图书馆
1862

关于鲁昂圣旺教堂的报告（1441）

支撑修道院教堂侧钟楼的四根石柱引起了出资人的忧虑：鉴定书的作用是想解除建筑师柯林·德·贝尔内瓦尔应负的责任。后者继承了其父亚历山大·德·贝尔内瓦尔的事业。

以下报告的撰写人为吾王陛下的砖石及木工建筑师西蒙·勒努瓦尔和让·维勒梅、鲁昂圣母院和鲁昂市的建筑师让松·萨尔、吾王陛下的陪审员让·鲁克塞尔、砖瓦工师傅皮埃尔·邦斯，他们向尊敬的圣旺修道院院长、神甫、大法官、粮食官及圣旺宗教建筑的建筑师陈述了教堂的危险之处：钟楼的四根立柱及四个交叉拱承载了巨大的重量；穹拱一侧的立柱没有墙筋和附件撑扶住，造成这些地方鼓了出来，产生了极大的危险。因此，一旦上述的立柱与交叉拱断裂，教堂就岌岌可危，钟楼将坍塌，它后面的祭坛间也将随之倒塌。为了挽救危机，上述的建筑师与工匠一致建议，要尽快夜以继日地整修穹拱一侧的墙筋和附件，从而加固塔楼的支柱、交叉拱和撑柱，让其互相支撑。为了尽快展开加固工程，上述建筑师和工匠认为应该典押或变卖圣餐杯或值钱的东西，以筹得钱款，这样教堂才能转危为安。当时，教堂正处于极大的困境，本教堂的建筑师听闻了这份报告，坚持要求上述建筑师和工匠在羊皮纸上把报告以书面的形式记录下来，并签上他们的名字或盖上印章。在修道院院长、神甫、大法官、粮食官及上述工匠面前，本教堂的建筑师辞去了职务，为的是如果没有及时加固教堂而造成不幸发生，就不应再追究他的责任，把过错归咎于他。于是，修道院院长和上述的教士就任命柯林·德·贝尔内瓦尔为教堂日后的砖瓦工，就像他的父亲——已故的亚历山大·德·贝尔内瓦尔曾经做过的一样。这位柯林·德·贝尔内瓦尔要求保留一份报告的副本，以免日后让他承担责任。上述事件发生在1440年1月23日，星期一。

基舍拉
沙特尔学院图书馆
1852

屋架建造的代表作：英国伊利大教堂的八角形屋架

布鲁日附近阿尔登堡圣彼得修道院的重建（1056—1081）

如果无法在工地附近找到合适的石

材，就从必须拆毁的建筑物那里找寻可用的建材。

当时，阿尔登堡城是整个佛兰德的首府，正如我前面所说的，当初那里人口稠密，城墙和要塞使它固若金汤。事实上，从东到西，从南到北，整个城市都是用坚固的黑色石头筑成的。这种黑色的、坚硬的石材只有图尔奈区的高尔才有，在佛兰德省的其他地方都无法找到它们的踪影。在北方，一位古代的建筑师用方方正正的大石块打造了屋基，还用了铁钩和铅钩。这种石材只有布洛涅省才有。在要塞的城墙下面，人们也用轻质的，没有那么坚固的石材建造了房屋。这种石材产于东方的科隆。在我们的时代，人们发现了许多古代雕刻精美的花瓶、盆子、碗和其他器皿，只有技艺超群的手工艺人才能用金、银制出如此精美的艺术品。为了让这座城市更加令人赞赏、引人入胜，人们将它建在了佛兰德省的中部，几乎是中心的地方：它与东面的根特区和西面的泰鲁阿讷区的距离差不多。南方有一片方圆 2 古里的沙土，上面覆盖着茂密的森林。北方，佛兰德肥沃的土地几乎绵延了 2 古里，一直延伸到了海边。在城墙与城楼的保卫下，城池固若金汤。它的富裕远近闻名，因此成就了它独霸一方的地位。它的城墙是如此坚固，如果不事先掘掉或完全捣毁墙基的话，是绝对不可能用羊头撞锤将它推倒的。为了让读者完全相信这座城池是多么牢不可破，我作为这篇文章的编撰者，曾亲眼目睹城墙被拆毁，拆下来的石头被运去建造了使徒圣彼得的圣殿。至于柱子和墙，用的是产自图尔奈的石块，饰有花纹的柱头用的石料来自布洛涅。以前，在里尔的博杜安时期，布鲁日城最大的特点就是大部分的建筑由这些石头建成。因为当大胡子阿尔努伯爵开始修造布鲁日城时，他下令拆毁了阿尔登堡的城墙，然后将这些石头运到了布鲁日，于是，这边的建造与那边的拆毁同步进行。这就是阿尔登堡的城墙什么遗迹也没有留下来的原因，只有承载过城墙的山冈依然矗立在那里。

莫尔泰

发表于《建筑史文献汇编》

中世纪，无论是在意大利还是在欧洲的其他地方，许多古代建筑物的砌石被拆下来，重新用于后世的建筑中。罗马附近的昆蒂利别墅正是这种建筑物之一

建造技术

11世纪前30年，建筑师们已经意识到了自己的能力，他们不仅是伟大的创造者，同样也是杰出的技术专家。为了克服难题，他们想出了新的解决方法。很快，他们中的一些人开始从事鉴定专家工作。

康布雷大教堂的重建（1023—1030）

和当时所有的出资人一样，康布雷主教热拉尔一世促成了计划的诞生。

热拉尔主教大人来到城中。他看到圣母马利亚修道院的建筑又小又破，那古老的石墙摇摇欲坠。于是他立刻决定，

布拉格的圣吉大教堂至今还留有建于14世纪的起加固作用的金属拉杆

如果上帝让他还来得及这样做的话，要让那里的状况得以改观。但直到1023年——众神降临年，他所计划的工程依然没有开始，因为正如我们刚才所描写的，建筑物外部与内部的恶劣状况给他带来了很大的困难。然而，凭着对天主的仁慈的信任，及许多他所信赖的信徒们的祈祷给予他的支持，他下令拆毁了那些太过古老的石墙。一旦所需的资金到位，他就将全部精力投入到这项艰巨的工程上，因为他担心死神会抢先或是别的什么原因让他在有生之年无法完成这个愿望。在所有使工程迟迟不得开工的阻碍之中，他认为最难克服的便是石柱的运输问题。石柱的修磨工作在离城将近30公里的地方进行，运到城里就需要花费相当长的时间。于是他祈祷仁慈的主让他能在邻近地区得到帮助。一日，他骑马巡视，在附近发现了一些天然的深渊。上帝是永远不会让那些对他抱有希望的人失望的。最后，他命人在离城10公里的一个名为莱斯丹的村庄里挖了一条壕沟，并在那里找到了用来打造石柱的石材。不仅如此，他还命人

在尼日拉的领地附近进行了挖掘，并欣喜地发现了另一品种的优质石材。为了感激上帝赐予他这些发现，他全身心地投入工程。最后，用了整整 7 年的时间，在仁慈的上帝的眷顾下，于 1030 年——天主降临年完美地完成了这项巨大的工程。接着，自然而然地，他在 11 月朔日（罗马历）前的 15 天（10 月 18 日）将大教堂奉献给了天主，仪式异乎寻常的隆重。

莫尔泰

发表于《建筑史文献汇编》

圣奥梅尔附近的阿德尔城寨的建造（《阿德尔的兰贝特家族编年史》，1060）

所有的建造都建立在毁灭的基础上。这里讲述的是一次真正的居住区大迁移。一幢幢的木头建筑被拆毁然后又重新建造起来。

厄斯塔什的司法总管布洛涅伯爵阿尔努把他的房屋都迁移到了阿德尔城寨中。最初，厄斯塔什的司法总管布洛涅伯爵阿尔努看见一切都令人满意，欣欣向荣，于是就命人在阿德尔周围的沼泽地的磨坊附近建了一道闸，接着在另一边又建了一道。两道闸门之间就是泥泞的水汪汪的沼泽地，深不可测，一直延伸到了山冈下。他命人在一个山丘中央堆起了一个很高的小土岗，并在上面建了一个“城堡”。在它的下面就是防线和堤坝。据居民们说，是一头被驯服的熊（人类是多么的聪明，野生动物只能处于被驯的地位）将建造城堡所需的建材从山丘运上土岗。有人断言，在堤坝的一个极其隐秘的地方，埋了一块能带来吉祥的护身符。那是一块纯度非常高的金石，将被永远放置在那里。阿尔努在要塞的外围，掘了一圈很深的壕堑，将磨坊划入了壕堑的包围圈里。不久，根据他父亲原先的方案，他摧毁了塞尔尼斯所有的房屋，然后在阿德尔城寨里建造了桥梁、城门等所有必需的建筑。塞尔尼斯的居住区被夷为平地，所有的建筑都迁移到了阿德尔。当塞尔尼斯城堡消失不见成了一个永远的回忆时，阿尔努就正式成为阿德尔的保护者和领主。

莫尔泰

发表于《建筑史文献汇编》

纪尧姆·德·桑斯重建坎特伯雷大教堂（《奎维塞编年史第一部分》，1175—1178）

纪尧姆·德·桑斯带来的不仅有新的美学概念，还有新的建筑技术。

正如我前面多次提及的，一开始，他不仅要为新的工程，还要为摧毁旧建筑做必要的准备。第一年的时间就用来做这些工作。接下来的一年，确切地说在圣贝尔坦节之后，他于冬天之前立起了 4 根石柱，也就是一边两根。冬天过去之后，他又建造了两根石柱，这样每一边都有3根石柱排成一直列。他依据美学的原则，在石柱和侧道外墙上安置了石拱和一个穹顶，也就是每边有3块“拱顶石”。我用了“拱顶石”这个词是为了说明整个跨度，因为拱顶石居于中间，像是将来自各个方向的构件连接在一起，使之更加牢固。第二年的时间就用在了这些工程上面。第三年，他又在两边各建了两根石柱，并在周围竖立了一圈大理石圆柱作为装饰。由于祭坛和十字架的臂将建在与这些石柱同高的地方，于是他就将这些石柱作为主支柱。这些石柱上安置了拱顶石和穹顶之后，他在楼廊上建造了许多大理石圆柱，从塔楼一直延伸到上述的石柱，也就是十字形耳堂的交叉甬道处。在这条楼廊的上面，他用另一种材料又建造了一条楼廊及高窗，然后在从塔楼到十字架臂的巨拱上安置了3块“拱顶石”。在包括我们在内的所有人的眼里，这些工程是无与伦比、值得赞颂的。如此辉煌的开端，使每个人都无比欣喜，怀着对未来美好的憧憬和完成工程的急切渴望，他们努力加快了工程的进度。第三年就这样过去了，第四年开始了。夏天，他从耳堂的交叉甬道开始，建造了10根石柱，一边5根。顶头的两根用大理石圆柱装饰，最后的两根作为主支柱。他在这些石柱上安装了10个石拱、10个穹顶。在完成了两条楼廊和高窗之后，他将于第五年年初搭建脚手架，准备登上大穹顶进行施工。可是，梁木在石头的重压下断裂，他从离地大约5法尺的柱头上掉了下来，被埋在石块与木头堆中。石块与木头的撞击使他伤得不轻，他再也不能主持施工了，成了一个废人。他是唯一一个伤势严重的人。这也许是上帝的惩罚，也许是魔鬼的恶作剧，而所有的一切都是针对建筑师一个人的。受了伤的建筑师经过医生的救治，在床上躺了一段时间，希望尽快恢复健康。但使他失望的是，他再也不能康复了。冬天来临了，顶部穹拱的工程必须完成，于是他把工程交给了一个勤劳聪明的修道士，由修道士来指挥砖瓦工。这位修道士虽然十分年轻，却似乎比他更加精明、能干和富裕，于是他表现出了强烈的敌意。无论如何，躺在床上的建筑师对工程还是拥有决定权。人们在4根主支柱间、祭坛与十字架臂交会的拱顶石处建造了大梁，并于冬天来临之前完成了两根大梁的施工。大雨的到来阻碍了工程继续进行。第四年过去了，第五年开始了。在同一年，我是说第四年，发生了一次日食，就在9月的一天，将近6点钟，也就是事故发生的前夕。后来，建筑师明白依靠科学和医生们的热忱是无法恢复健康了，于是便放弃了工程，漂洋过海回到了法国。

莫尔泰

发表于《建筑史文献汇编》

拉芒什海峡彼岸建筑的典范，坎特伯雷大教堂的祭坛

沙特尔大教堂的鉴定书（1316）

鉴定书在沙特尔忧心忡忡的议事司铎的授权下，由国王的建筑师尼古拉·德·肖姆、巴黎圣母院的建造者皮埃尔·德·谢尔和巴黎木工行会的管事师傅雅克·德·龙于默共同完成。

大人们，我们向你们指出，用来支撑穹拱的4个拱顶情况良好，十分坚固，支撑石拱的支柱也情况良好，还有拱顶石也情况良好，十分坚固。我们认为有必要撤换掉半个穹拱。我们决定从彩绘大玻璃以上的高度搭建脚手架，这个脚手架的作用是保护祭廊和在下面通行的人。此外，我们还要利用它搭建穹顶上的其他脚手架，后者对工程来说非常必要。

这就是沙特尔圣母院教堂的问题所在。指出这些问题的是国王的建筑师尼古拉·德·肖姆、巴黎圣母院的建造者皮埃尔·德·谢尔和巴黎木工行会的管事师傅雅克·德·龙于默。在场的有让·德·里特、沙特尔的议事司铎（原籍意大利）、西蒙·达贡（建筑师）、木匠西蒙师傅，以及由长老任命的上述工程的管事师傅贝尔多。

我们首先检查了交叉甬道的穹拱，那里需要维修；如果短期内不进行修理，就会有很大的危险。

又，我们检查了支撑穹拱的拱扶垛，那里需要重嵌灰缝和进一步地检查，如果不在短期内进行，损失将会很大。

又，支撑塔楼的柱子中有两根需要修理。

又，柱廊需要重大维修，最好在每个门洞中建造一根支柱，支撑上面的部分：一条墙筋起于角柱外侧的底座，另一条用于教堂的主体部分。这种支撑还要加固，以减小冲力，我们将使用各种有必要的方法。

又，我们检查并向贝尔多师傅指出，他要如何在原来的位置重新放置玛德莱娜的塑像，从而使塑像不再摇晃。

又，我们在大塔楼（我们认为它迫切需要维修）中注意到，一面墙体已裂开并有破孔，一座墙角塔已经破裂。

又，前面的柱廊已有破损：盖顶已经有裂缝，因此有必要在每一条柱廊上都安装铁质的系梁用以加固，从而避免危险。

又，我们决定为了教堂的利益，从彩绘大玻璃窗以上搭建脚手架，用来在交叉甬道的穹拱上施工。

又，我们注意到用来支撑小天使像的中柱已被完全腐蚀，无法与教堂中殿的另一条中柱准确地连接：因为教堂中柱的上部与屋架相连的接缝已经断裂。如果要维修的话，就要在圆室上方的接缝处安放两块基石，并把小天使像放在第二块基石上。这样上述构件所用的大部分木材就得以重新使用。

又，用来放置小钟的钟塔由于建造时间长久，所以情况不好，出现了老化的迹象；放置大钟的钟塔也是如此，必

沙特尔大教堂的拱扶垛首先起到结构性的作用

须刻不容缓地着手进行维修。

又，教堂的顶部，4 条系梁的一端已被腐蚀，需要更换。如果你们不愿意更换，就根据我们说的方法进行修理。

莫尔泰

发表于《考古会议》

1900

特鲁瓦大教堂的鉴定报告
（《教务会议的讨论记录》,1362）

特鲁瓦大教堂的鉴定报告很好地指出了建筑师要在结构方面解决的问题。

这是由砖瓦师皮埃尔·费桑师傅于 1362 年冬天圣马丁节后的星期六所做的关于特鲁瓦大教堂的鉴定报告。

首先需要指出的是上述教堂祭坛周围低穹拱的接缝处必须重新加固。

又，好几处与滴水同高的柱顶盘需要重建并重新安装。

又，在庭院一侧主教大人的小教堂里必须建一个高的拱扶垛。从防水层面一直到第一座墙角塔的顶部，只需一个拱扶垛。

又，上述师傅在检查了让·德·托尔瓦耶师傅的新工程之后，认为除了拱扶垛太高之外，工程可以说是完美无缺。他认为最好是将上述工程拆到墙角塔的高度，这样才可以完全挽救整个工程，估计所需的费用为 150 个弗罗林。

又，还有一点，在大主教居住的房屋的侧拱扶垛有缺陷，如有需要，他可以指出问题出在哪里。如果工程是用灰泥和砂浆封顶的话，就不太理想。他发誓这样做工程并没有简化多少，成本也没有减少，并且外观看上去也不怎么样。

又，他认为支撑堞道的柱子已经破损，水沿着墙面流下来。

又，在走廊的许多接缝处，水沿着墙面流下来，必须进行维修。

1917 年轰炸过后兰斯大教堂的交叉甬道

又，钟楼拱扶垛上面的4个接缝必须修理，那里有许多不尽如人意的地方，必须进行补救。

如有需要，上述师傅愿完全听从你们的指挥，成为你们的工匠。

阿尔布瓦·德·朱班维尔
沙特尔学院图书馆

尽管屋架被烧毁，铅顶熔化，穹拱还是经受住了轰炸的考验

关于建造鲁昂圣旺修道院两道穹拱的合约（《鲁昂公证工会档案》，1396）

正如人们所料，这份合约的规定非常精确。

1396年11月26日，星期日。

签约的一方为鲁昂圣旺修道院的教士、院长和全体修士，另一方为托马和拉乌林兄弟、博斯科的砖瓦工托马·于和皮埃尔，价钱为130个图尔利弗尔，承接的工程如下：

建造两块拱石处的拱腹、交叉的拱肋及在中间的交叉拱，所有的石料已经修磨好。两块拱石处的施工应相继进行，即完成一处再进行另一处。他们要用木板搭脚手架支架，我们负责提供所需的木材、木板、铁丝网、防滑链及绳索。当他们完成一边的工程之后，就把支架移到另一边。他们将建造两块拱石、两道交叉的拱肋和中间的交叉拱。我们提供给他们已经修磨好的穹拱和交叉拱，如果修磨好的石材不够用，他们将负责修磨工程所需的石材。石材如有剩余，则要用于其他工程。工棚已有修磨好的交叉部分和悬垂部分的构件，但需要做必要的加工。他们要安装上述修磨好的构件，我们提供木材及所需的木板。他们将得到工程建设需要的一切东西：一匹马与马具，用以运输所需的材料，还有卷缆花饰、绳子、滑轮。我们将提供建造所需的灰浆和石膏，由他们到石膏商处领取。我们将提供装水用的桶和装灰浆用的小木桶，还要提供木砧、柳条筐、木钉。他们有义务根据上述要求准确、忠诚地完成上述工程，符合让·德·巴耶及其他有才能人士的要求。每个砖瓦工在施工期间每日能得到半升酒及其他方面的补助。纪尧姆·多雷为工程工作将得到如上报酬。工程于下个星期一开始，每天都要开工直至完成。全体砖瓦工都要按上述要求，每日进行工程的施工直至结束。（他们要）以财产做担保；（他们要）发誓；等等。

博尔佩尔

发表于《鲁昂建筑物的朋友》

1902

夏兹教区教堂祭台和钟楼重修的估价书（1463）

估价书的编写也需要相当的精确性。

第一次世界大战前的兰斯大教堂正面图

高贵的和受尊敬的夏兹女修道院院长玛丽·德·朗尼亚克夫人和夏兹高贵的居民皮埃尔·贝特朗、皮埃尔·伊罗尔德、皮埃尔·诺贝尔、让·普鲁阿克、邦斯·莫利、皮埃尔·波米埃（又名波斯雷东）以及让·德·马斯（又名贝塞尔）以承包价指定夏兹教区蒙特的居民皮埃尔·孔布雷的儿子砖瓦工雅克姆·孔布雷按以下要求建造下述工程：

1. 将夏兹教区教堂的钟楼从上到下建成棕叶形。

2. 从地基到半圆形后殿，上述棕叶形墙壁厚3法尺，长3庹（成人两臂左右平伸时两手之间的距离）半，共有一小两大三个半圆形后殿。

3. 建造教堂的祭坛间。祭坛为中空的，长约3庹半，6个基座，外侧有4根支柱，不包括钟楼的两根，宽3法尺。

4. 建造祭坛的墙，2—3个石基采用巨砾，其余的用修磨过的石材；柱子间的墙面用巨砾石材。上述墙面宽2法尺半，祭坛内侧高4庹。

5. 在祭坛建造两扇彩绘玻璃窗，尺寸根据祭坛尺寸而定；在祭台建造一扇高1法尺半的小窗。

6. 在祭坛的祭台后面，建造一个小壁橱，高3法尺、宽2法尺。

7. 上述砖瓦工还要从采石场选取合适的石材，夏兹教区的居民应协助他完成这一工作。

8. 上述砖瓦工应制作施工所需的灰浆桶，由教区居民提供木材。

9. 上述居民应将石材、石灰、砾石运到工地，搅拌灰泥及从事所有其他非技术性的工作。

10. 工程结束后，灰浆桶归教区所有，其余的杂物如不被用于新的工程，就可归雅克姆·孔布雷所有。

引自富尼耶
《工业阶层的研究》

机械装置

有关机械的文献不如有关建筑的文献那样丰富。以下两份公证文书充分显示了出资人对起重机建造的一种不信任。

阿尔勒一部起重机的建造（公证书原稿，1459）

如上所指年份（1459），6月的第7天。公示以下内容：

神学大师、阿尔布道兄弟会修道院院长、尊敬的阿尔齐里·巴多罗梅尔大人当面付款给住在阿尔勒的木材商居约·佩尔西斯，为的是用优质的新木制造一部性能良好的、可以承载100担重量的起重机，以用于修道院为表达对天主和圣母的敬意及赞颂而建造新教堂的工程中。新教堂就位于修道院教堂一侧。起重机在施工中，用来吊石块和其他建材。起重机的制造必须依据下列条款：

首先，居约应按上述条文制造起重机，并于整个6月期间在教堂的施工现场装配和安置好机械。机械的高度为8卡纳（旧时长度单位，其当量因地区而异），可以在室内外使用；上述修道院院长应负责准备和清扫放置起重机的场地。

根据约定，上述院长大人还应负责起重机所需的金属配件，以及对金属配件进行必要的维修和养护，费用由修道院承担。

同样，根据约定，上述院长大人或修道院应为依照居约建造起重机和所用木材付费共计48个弗罗林，其中2个弗罗林作为定金，马上支付；当制造好和调试好的机器在工地安装好以后，无论出现什么情况，剩下的46个弗罗林都要在15日内付清。上述居约确认已从院长大人处收到船夫作为定金的2个弗罗林。

立于阿尔勒上述修道院图书馆……

15世纪锡耶纳的“工程师”马里亚诺·塔科拉建造的这部起重机的灵感来源于一种战争机器

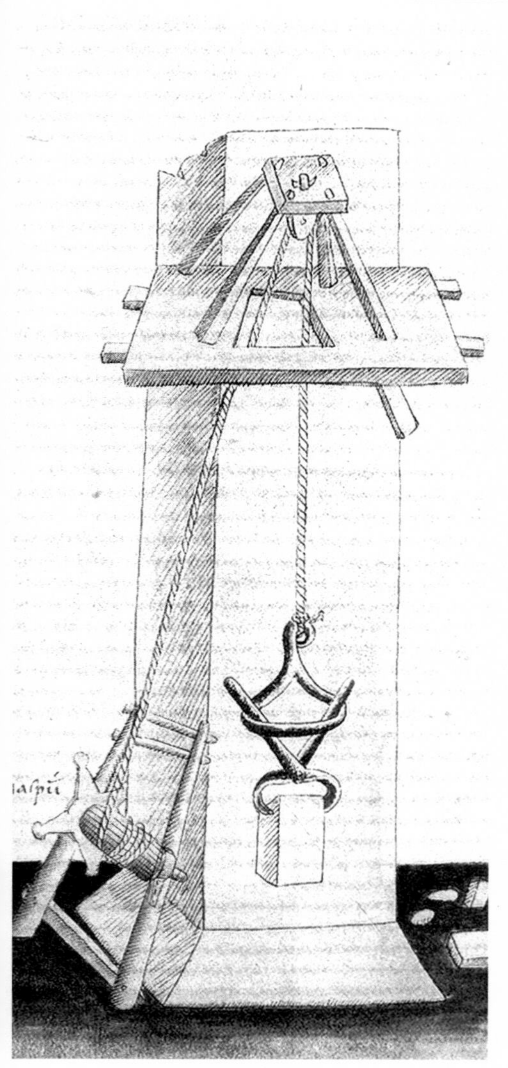

这部起重机（起重爪）同样出自塔科拉，是他的朋友布鲁内莱斯基启发了他

隔壁的侧翼，见证人有船夫皮埃尔·雅克林、砖瓦工阿尔韦纳斯，两人都是阿尔勒的公民并居住在当地，还有我本人、公证人贝尔纳·邦格尼斯。

***

如上所指之年，10 月的第 12 天。尊敬的瓦朗斯商人、现住于阿维尼翁的让·加尔无偿地确认从上述院长大人处收到了应付 48 个弗罗林中剩余的 40 个弗罗林，包括他用于维修上述起重机的 15 个弗罗林，这笔费用的金额是仲裁的结果，因为起重机不符合上述院长大人签订的合约。他将全部财产作为抵押，放弃合同；他结了账；他发了誓；等等。

立于修道院内院、教务集会的建筑前，见证人有雅克·夏瓦锡、现住于阿尔勒的马具皮件商马蒂厄·贝尔纳第，还有我本人、上述之公证人。

蒙塔涅

发表于《普罗旺斯的多米尼加建筑》

1979

野性之石

建筑师费尔南·普永（1912—1986）在他的小说《野性之石》（*Le Seuil*，1964）里，塑造了一个西都会修士的形象，后者作为瓦尔省多罗奈修道院的建筑师，叙述了如何规划方案和组织施工。普永很好地说明无论是12世纪的建筑师，还是20世纪的建筑师，将自己的想法说服出资人——例如修道院院长——并将明确的构想传达到施工中去都是必须要做的事。这里所选择的几个片段正是说明了这个经常被遗忘的主题。

圣福勒贝尔日，4月的第10天

只有两个尺寸（即平面）的设计图不能说明什么：它并不完整，只是想象力漫游的轨迹。没有同时确定高度和厚度，没有确定哪怕是最微末的细节，建造是不可能进行的。任何建筑物都需要设立第四维和轨迹，那是对充满活力的建筑的感知。……我们建筑师就是要创造一切先决条件，先于图像，生活在方案中，将自己融入其中；甚至在睡梦中也是如此，推翻四周的墙，摇动最沉重的石块，挑战平衡与重力，预见一切旋转与反转、图像的速度和相对的静止。

……

圣诺贝尔日，6月的第6天

雄伟的大教堂、高大的钟楼的花边状石块、饰有精美雕刻的修道院、巨大的窗子、五彩缤纷的红宝石，这一切无疑代表着奢华。……对于一个西都会修士来讲是好的东西，对一个时期或对世俗的人却并不是好的。……

多罗奈修道院（上图）的回廊和修道院的整体一样，是由修磨得非常好的石材建成的，接缝处的技术可说是达到了完美的程度

圣让洗礼日，6 月的第 24 天

我的一生，与其说是一名僧侣，还不如说是一个砖石工；与其说是一名基督徒，还不如说是一个建筑师。如果说这是我的错，我却是奉了天主旨意。我总是马不停蹄地从德国到勃艮第，为的是给天主效力。西都会的修道院就是我的全部。……

圣安娜节，7 月的第 26 天

是的，但我要对你说：要建造一座城池，必须要有计划和强壮的工匠。材料并不是全部。……

圣萨比娜日，9 月的第 3 天

然而这是真的，在整个思考过程中，我并不怎么画画，如果我在桌角勾勒出一些细微的痕迹，我会马上将它们抹去。我喜欢整个形象一步步地连续出现在我的脑海里，定格、闪动，然后一并聚集在我的眼底。在这项缓慢而又艰巨的工作中，无论我是在说话、行走、睡觉还是在做梦，手头的工程都占据了一切，让我处于一种深深的催眠状态。那一天终于来到，我趴在桌子上，勾勒出这个想象世界的精髓。音乐家似乎也是这样的：他们只有等到自己唱出来乐曲才能将它们写下来。……建筑师并不是一个简单的称呼，它具有许多绝对的和明确的职责。外形、体积、重量、坚固度、冲力、拱高、平衡、移动、线条、承重和超重，湿度、干燥度、热与冷、声音、光线、阴影和微光，方向、土地、水和空气，还有所有的材料。这一切的一切都是这项职责所涵盖的内容，而思考这一切的只不过是一个造房子的普通人。……

圣徒诞生日，9 月的第 8 天

是因为几个月来的思考，还是因为我的设计太过平庸？我现在还不知道，但是我很容易地就画出了图样并将其付诸实现：教堂、配有 4 个半穹隆状小祭室的半圆形后殿。然后是圣器室，回廊周围依次是图书馆、教士会议厅、寝室的楼梯、会客室过道、修士们的大厅和取暖室、餐厅、厨房，最后是位于回廊西端的食物储藏室和杂工的住处……这些样式，一度让我敬畏，自然而然地从我那 4 样工具下涌现出来。……我静静地，毫无焦虑地徜徉在这些平面图和剖面图中。我沿着那些墙面走着，就好像我一直以来就住在那里。我那些抽象的想法，我那梦幻的世界去了何方？而一个普通的建筑师下达一个严肃的命令是如此简单，容不得软弱、谎言和对计划的改动……我就如一个诚实的砖石工僧侣和建筑师，岁月在绘图中悄悄流逝。

巴黎圣母院西南侧钟楼的修复工程（1992—1993）

大教堂并不能亘古长存，污染与坏天气正在慢慢地吞噬它们。具有历史意义的建筑物需要修复和养护，这就需要掌握中世纪建筑技艺的人，同时他们在“诊断”中也运用了尖端工艺。

诊断与损坏原因

自从上一次（1844—1864）由拉索斯和维奥莱·勒·杜克授权的大规模工程之后，历史遗迹处经常进行维护。尽管有了这项预防措施，建筑物尤其是暴露在坏天气中的部分的侵蚀情况依然十分严重，必须再进行一次大规模的全面修复。修复工程将在十几年的时间里分期展开。

除了城市大气污染，19 世纪造成的建筑物的孤立，尤其是西面和南面，也是造成建筑物损坏的原因之一：强劲的风吹来，而周围没有任何阻隔可以减弱风力。有趣的是，维奥莱·勒·杜克在修复工程中所砌的砖石与那些他没有修复过的、更加古老的砖石同样受到了侵蚀。

选择何种石材？运用何种技术？

替换石材的选择需要在实验室里进行深入的研究和无数次的试验和分析。最主要的困难就是要选择一种石材，不仅要在外表与色泽上能与原先的材料相容，还要具有一致的物理与力学特征。

灰色部分表示的是维奥莱·勒·杜克于 1847—1850 年替换的石块。下页图，分别是修复前与修复中的南塔楼拱扶垛

难上加难的是曾经出产建造大教堂所用石料的采石场到了 19 世纪已经再也无法开采，维奥莱·勒·杜克指挥的修复工程就用了 8 种不同的石材。

为了修复损坏的砖石建筑，只能使用传统的技术手段。在现场设置修磨石料的工场可以使工人随时实地参照原物，从而使修复工作尽量忠实于原貌。如果修磨石料的工棚设在离建筑物很远的地方，只能参照石匠领班提供的图样进行修磨的话，忠实度就难以得到保证。除了从根本上修复损坏的砌面石，尤其是磨损严重的接缝以外，还必须为修复工程准备许多部件，如栏杆、檐口泄水坡、装饰钟楼大窗侧柱的小尖塔和卷叶饰。雕刻品和檐口上的滴水需要加固，或根据维奥莱·勒·杜克留下来的施工目标和图样对缺少的部分进行复原。

修复工程的费用

工程从 1992 年初开始，于 1993 年结束，共花费 1500 万法郎。为了尽量保持建筑物的原貌，只替换了无法继续使用的石块，共用去了采自圣皮埃尔－艾格勒和巴黎盆地的特洛瓦采石场的 200 立方米石料。

修复工程由格林公司负责，主要负责石材的修磨和使用，指挥是历史遗迹处的总建筑师

下一阶段的修复工程于 1993—1994 年进行，针对的是大教堂的西侧面。

贝尔纳·丰凯尔尼
历史遗迹处总建筑师

参考书目

关于城市

- Georges Duby (sous la direction de), *Histoire de la France urbaine*, tome I, «La Ville antique des origines au IXe siècle», Le Seuil, Paris, 1980.
- Georges Duby (sous la direction de), *Histoire de la France urbaine*, tome II, «La Ville médiévale de Carolingiens à la Renaissance», Le Seuil, Paris, 1980.

关于工场

- Alain Erlande-Brandenburg, *La Cathédrale*, Fayard, Paris, 1989 (sur la fabrique en général: pp. 275-290).
- Barbara Schock-Werner, «L'Œuvre Notre-Dame, histoire et organisation de la fabrique de la cathédrale de Strasbourg», in *Les Bâtisseurs des cathédrales gothiques*, catalogue de l'exposition, Strasbourg, 1989 (pp. 133-138).

关于技术

- Bertrand Gille, «Le Moyen Âge en Occident (Ve siècle-1350)», in *Histoire générale des techniques*, tome I et tome II, P.U.F, Paris, 1962 et 1965 (pp. 425-597 et pp. 1-139).
- Bertrand Gille, *Les Ingénieurs du Moyen Âge et de la Renaissance*, Paris, 1964.
- Jean Gimpel, *La Révolution industrielle du Moyen Âge*, Le Seuil, collection «Points Histoire», Paris, 1975.

关于维拉尔·德·奥内库尔

- H. Hahnloser, *Villard de Honnecourt*, deuxième édition, Graz, 1973.
- *Carnets de Villard de Honnecourt*, XIIIe siècle, Stock, Paris, 1986.
- Roland Bechmann, *Villard de Honnecourt, la pensée technique au XIIIe siècle et sa communication*, Picard, Paris, 1991.

关于工地

- G. Fagniez, *Études sur l'industrie et la classe industrielle à Paris au XIIIe et au XIVe siècle*, Paris, 1877.
- V. Mortet, *Recueil de textes relatifs à l'histoire de l'architecture... XIe-XIIe siècles*, Paris, 1911.
- V. Mortet et P. Deschamps, Recueil de textes relatifs à l'histoire de l'architecture...XIIe-XIIIe siècles, Paris, 1929.
- D. Knoop et G.-P. Jones, *The Medieval Mason*, troisième édition, Manchester, 1967.

综合研究

- M. Aubert, «La Construction au Moyen Âge», in *Bulletin monumental*, 1960 et 1961.
- Roland Recht, «Dessins d'architecture pour la cathédrale de Strasbourg», in *L'Œil*, 1969(pp. 26-33 et 44).
- P. Du Colombier, *Les Chantiers des cathédrales*, Picard, Paris, 1973.
- D. Kimpel, «Le Développement de la taille en série dans l'architecture médiévale...», in *Bulletin monumental*, 1977 (pp. 195-222).
- Jean Gimpel, *Les Bâtisseurs de cathédrales, Le Seuil*, Paris, 1980.
- Xavier Barral i Altet (éditeur), *Artistes, artisans et production artistique au Moyen Âge*, trois volumes, Picard, Paris, 1986-1989.
- Roland Recht (sous la direction de), *Les Bâtisseurs des cathédrales gothiques*, exposition et catalogue, Strasbourg, 1989.
- Nicola Goldstream, *Les Maçons et les*

sculpteurs, Brepols, collection «Les Artisans au Moyen Âge», 1992.

特别问题
- G. Fournier, *Le Château dans la France médiévale*, Aubier, Paris, 1978.
- Jean Mesqui, *Le Pont en France avant le temps des ingénieurs*, Picard, Paris, 1986.
- Léon Pressouyre, *Le Rêve cistercien*, Découvertes Gallimard, Paris, 1990.

专题著作
- G. Durand, *Monographie de l'église Notre-Dame*, cathédrale d'Amiens, deux tomes et un volume de planches, Amiens-Paris, 1901-1903.
- *Le Monde gothique*, tomes I(*Le Siècle des cathédrales*), II(*La Conquête de l'Europe*) et III(*Automne et renouveau*), Gallimard, Paris, 1987-1988-1989.

图片目录与出处

卷首

第 1—9 页　斯特拉斯堡大教堂正面中央图，细部，斯特拉斯堡圣母院博物馆。

扉页　西里西亚圣·海德维格生平，《修道院之落成》，马里布，盖提博物馆。

第一章

章首页　吉拉尔·德·鲁西荣，《吉拉尔夫妇营建的十二所教堂》，维也纳奥斯特莱西斯国家图书馆。

第 1 页　《庙宇的建造》，圣加尔修道院图书馆。

第 2 页　《维京人登陆英伦》。

第 2—3 页　纪尧姆·勒维尔，《奥弗涅地区的纹章图案集》，“穆兰”，巴黎国家图书馆。

第 4—5 页　《耕作场景》。

第 6 页　根据让·于贝尔及查尔斯·埃蒂安纳有关著作所绘法国公路图和罗马时期所建道路图。

第 6—7 页　《阿尔勒斗牛场》，版画，1686 年。巴黎国家图书馆。

第 7 页　马克·保罗所述亚洲及印度之奇观，《城市景象》，巴黎国家图书馆。

第 8—9 页　埃塞克斯的格林斯特德教堂的木墙。

第 9 页　拉纳莱主教，《教堂的祝福》，鲁昂市立图书馆。

第 10 页　德龙省阿尔邦的封建时代的土岗。

第 10—11 页　巴约挂毯，《雷恩城和诺曼底公爵的战士们》，绒绣博物馆。

第 11 页　海蒙，《欧塞尔的圣日尔曼修道院遗址》，巴黎国家图书馆。

第 12 页　罗曼·德·亚历山大，《木桥的建造》，巴黎小宫殿博物馆，蒂迪家族收藏。

第 12—13 页　埃罗河上的古尔·努瓦尔桥。

第 13 页右上　维拉尔·德·奥内库尔，画册，《桥梁设计图》，巴黎国家图书馆。

第 14 页　坎特伯雷手迹，《坎特伯雷设计图》，剑桥三一学院图书馆。

第 14—15 页　《环球百科全书》所载圣加尔修道院平面图，《建筑地图集》。

第 16 页　《世界通史》或法文版《圣经》，“城楼的建造”，巴黎国家图书馆。

第 16—17 页　普罗万的城墙（塞纳河马恩河地区）。

第 18 页左下　布拉格查理大桥。

第 18—19 页　《兰斯》，版画。

第 19 页　中世纪的布拉格城平面图。

第 20 页左　拉昂大教堂剖面图。

第 20 页右　凡·艾克所绘圣芭芭拉的塔楼，皇家艺术博物馆。

第 21 页左　沙特尔大教堂剖面图。

第 21 页右　博韦教堂剖面图。

第 22 页　让·德·库希，《编年史》，“特洛伊人建威尼斯、斯康博、卡塔赫及罗马城”，巴黎国家图书馆。
第22—23页 纪尧姆·勒维尔，《奥弗涅地区的纹章图案集》，“蒙泰居”，巴黎国家图书馆。
第23页 1748年丰泰弗劳修道院的平面图，丰泰弗劳修道院。

第二章

第24—25页 圣尼盖斯的建筑师于格斯·里贝尔吉耶的墓碑（局部及整体），兰斯圣母院藏。
第26页左上 《奥法生平》，“圣阿尔班教堂的建造”，伦敦大英博物馆。
第26—27页 皮埃尔·德·科勒桑，《乡村屋舍的建造》，伦敦大英博物馆。
第27页右上 《修道士、建筑师、采石工及财务官员》，圣热梅－德弗利教堂圣殿中一扇彩绘玻璃上的记述（据德·科隆比埃记录）。
第28页 雇用汉斯·哈默的合同。斯特拉斯堡，斯特拉斯堡手迹档案馆。
第29页 兰斯大教堂正面图。
第30页上 利埃德尔，《查理·马泰尔及其继任者们的故事》，“在吉拉尔·德·鲁西永之妻贝尔特指挥下的韦泽莱的玛德莱娜大教堂工程”，布鲁塞尔阿尔伯特一世皇家图书馆。
第30页下 《玛丽皇后的圣诗集》，“所罗门王所建神庙工程”，伦敦大英图书馆。
第31页 布尔日大教堂大殿。
第32页 尚德勒手迹，《温切斯特主教纪尧姆·德·威克姆》，牛津新学院。
第33页 《圣母院亡者登记簿》，“圣福勒贝尔为沙特尔大教堂祈福”，沙特尔市立安德烈·马尔罗图书馆。
第34页左 亚眠大教堂，由楼廊及大殿看向祭坛。
第34—35页 亚眠大教堂，由大殿看向入口处。
第35页 亚眠大教堂，平面图、剖面图及局部立视图。
第36—37页 亚眠大教堂，尖顶与中央正门。
第38页上 《舍瑙西都会修道院工程》，绘画，纽伦堡德国国家博物馆。
第38页下 《莫拉利亚在工作》，“西都会伐木工”，第戎市图书馆。
第39页 《将西都会修道院模型敬呈教皇》，绘画，纽伦堡德国国家博物馆。
第40页左 圣地亚哥－德孔波斯特拉天福门廊。
第40页右 《圣地亚哥－德孔波斯特拉平面图》，水彩画，圣地亚哥－德孔波斯特拉萨尔门多学院。
第41页 《阿方索八世、阿丽埃诺尔及建筑师费尔南德斯》，12世纪。马德里国家档案馆。
第42页 《苏格尔》，马赛克画，圣德尼修道院大教堂。
第43页 圣德尼修道院大教堂，教堂祭台间周围的回廊。
第44页 坎特伯雷大教堂。
第45页 坎特伯雷大教堂的祭坛。
第46页上 厄斯塔什或是托马斯·德·肯特，《骑士传奇》，“城墙的建造”，巴黎国家图书馆。
第46页下 《布尔日》，绘画。南特，托马斯·多布雷博物馆。
第47页 杜夫尔防御工事。
第48页 兰斯大教堂，西面圆花窗。
第49页左 无名建筑师的墓碑，鲁昂圣旺修道院附属教堂（据德·科隆比埃记录）。
第49页右 兰斯大教堂，正面大门三角楣。
第50—51页 巴黎圣礼拜堂彩绘玻璃窗，西面圆花窗及南面彩绘玻璃大花窗。
第52页左 柯林·德·贝尔内瓦尔和亚历山大·德·贝尔内瓦尔的墓碑，鲁昂圣旺修道院附属教堂（据德·科隆比埃记录）。
第52页右 鲁昂圣旺修道院附属教堂。
第53页 兰斯大教堂中的苦路曲径。
第54页左 《马蒂厄·德·阿拉斯》，雕塑，布拉格圣吉大教堂。

第 54 页右　布拉格圣吉大教堂。
第 55 页上　《查理四世》，雕塑，布拉格圣吉大教堂。
第 55 页下　《彼得·帕尔雷》，雕塑，布拉格圣吉大教堂。
第 56 页　鲁昂大教堂的“黄油塔”。
第 56—57 页　维拉尔·德·奥内库尔，《画册》，“模子”，巴黎国家图书馆。
第 57 页　沙特尔大教堂，圣西尔韦斯特的彩窗（局部）。

第三章

第 58 页　斯特拉斯堡大教堂，正面外观局部图，斯特拉斯堡圣母院博物馆。
第 59 页　《测量员》，伦敦大英图书馆。
第60页　鲁昂圣马克鲁教堂模型，鲁昂美术馆。
第 61 页上　1520 年左右的《美丽的马利亚》教堂模型，拉蒂斯博纳，雷根斯堡市博物馆。
第 61 页下　一位有王权的伯爵的卧像，纽伦堡德国国家博物馆。
第 62 页　《捐赠人让·蒂桑迪耶主教》，雕塑，图卢兹，奥古斯都博物馆。
第 63 页左　斯特拉斯堡大教堂，正面图，斯特拉斯堡圣母院博物馆。
第 63 页右　1486 年圣母院工程印章，斯特拉斯堡市档案馆。
第 64—65 页　斯特拉斯堡大教堂正面图、正面一半的正视图、尖顶立视图，斯特拉斯堡圣母院博物馆。
第 66 页上　兰斯大教堂，正门背面、西墙侧门详图。
第 66 页下　《克吕尼修道院》，巴黎，现代图。
第 67 页　苏格兰罗斯林教堂。
第 68 页　描绘详图上的木工，巴黎，行业守则。
第 69 页上及下　约克郡修道院礼拜堂，工程描图室。
第 70 页　沙特尔大教堂，圣谢龙彩绘玻璃。
第 71 页　维拉尔·德·奥内库尔，画册，《详图》，巴黎国家图书馆。
第 72 页　维拉尔·德·奥内库尔，画册，《拉昂大教堂》，巴黎国家图书馆。
第 72—73 页　维拉尔·德·奥内库尔，画册，《洛桑大教堂的圆花窗》，巴黎国家图书馆。
第 73 页　洛桑大教堂的圆花窗，卡尔·巴尔纳摄。
第 74 页　维拉尔·德·奥内库尔，画册，《兰斯大教堂的拱扶垛》，巴黎国家图书馆。
第 75 页左　兰斯大教堂，侧立面图。
第 75 页右　维拉尔·德·奥内库尔，画册，《兰斯大教堂侧立面图》，巴黎国家图书馆。

第四章

第 76 页　让·科隆波，《特洛伊故事集》，“特洛伊城的重建”，柏林印刷与绘画国家博物馆。
第 77 页　《诺里奇大教堂》，“砖石工”，雕塑。
第 78 页　纪尧姆·卡乌尔森，《罗德岛修会首领接待砖石工及木匠》，巴黎国家图书馆。
第 79 页　《贝德福德公爵的祈祷书》，“巴别塔的建造”，伦敦大英博物馆。
第 80 页左　索尔斯伯里大教堂，尖顶屋架。
第 80 页右　格洛斯特大教堂，带雕刻的梁托，特为纪念一次工地事故，克劳斯勒摄。
第 81 页　伊利大教堂的八角形顶塔。
第 82 页　亨利八世教堂。
第 83 页　“国王学院”教堂，剑桥。
第 84 页上　《尖顶的平面及立视图》，据马蒂厄·罗里泽尔手册。
第 84 页下　布尔日大教堂，绘有砖石工的彩绘玻璃（局部）。
第 85 页　《自创世开始的古代史》，“巴别塔的建造”，巴黎国家图书馆。
第 86 页　《1519—1528 年间鲁昂地区宗教文艺团体获奖国王赞歌集》，“柱基的修理”，巴黎国家图书馆。
第 87 页　圣日尔曼德佩教堂，石匠们的印记，巴黎。
第 88 页　鲁道夫·冯·埃姆斯，《世界编年史》，

"巴别塔的建造"。
第89页左 《圣贝尔纳》,雕塑,奥布河畔巴尔。
第89页右 《舍瑙西都会修道院工程》,绘画(局部),纽伦堡德国国家博物馆。
第90页 昆都斯,《亚历山大大帝之创举》,"工地上的劳工",巴黎国家图书馆。
第90—91页 1917年遭轰炸后的兰斯大教堂,勒费弗尔·蓬塔利摄。
第91页 《世界编年史》,"工地上的劳工",慕尼黑巴伐利亚州图书馆。
第92页上 《舍瑙西都会修道院工程》,绘画(局部),纽伦堡德国国家博物馆。
第92页下 《露天采石场的采石工》,伦敦大英图书馆。
第93页 阿皮亚,塞西利亚·梅德拉陵墓,罗马。
第94页左 拉昂大教堂,雕刻在塔楼上的石牛。
第94页右 1528年的皇室拨款令,《塞纳河航运》。
第95页 罗瑞尔·普萨尔特,《牛套》,伦敦大英图书馆。
第96—97页 《耶路撒冷编年史》,"雅法城城墙的建造和采石工们",维也纳奥地利国家图书馆。
第97页上 《法兰西大编年史》,"达戈贝尔参观工地",巴黎国家图书馆。
第98—101页 迪博尔德·席林,选自《伯尔尼编年史》,"1375年库西率军兵临斯特拉斯堡城下""1420年伯尔尼大教堂动工兴建""桥梁的建造""1191年建伯尔尼城""1405年火灾后伯尔尼城的重建""1420年伯尔尼大教堂动工兴建",伯尔尼布格尔图书馆。
第102—103页 《贝德福德公爵的祈祷书》,"挪亚方舟的建造",伦敦大英图书馆。
第103页 《工地景象》,巴黎国家图书馆。
第104页 拉絮斯,《巴黎圣礼拜堂金属结构一览》,绘画,1850年。巴黎历史遗迹档案馆。
第105页 轰炸后的圣康坦教堂。
第106页 马里亚诺·塔科拉,《十类机械》,"提升大钟的系统",巴黎国家图书馆。
第107页上 《大卫诗篇》,"庙宇的建造",巴黎国家图书馆。
第107页下 马里亚诺·塔科拉,《十类机械》,"吊起石柱的起重机",巴黎国家图书馆。
第108页 塞巴斯蒂安·马穆罗尔,《法兰西人民抗击土耳其人、萨拉逊人及摩尔人之历程》,"弹盾的制造",巴黎国家图书馆。
第108—109页 康拉德·齐塞尔,《军事机械》,"树干钻孔机",斯特拉斯堡国立大学图书馆。
第109页 《巴别塔的建造》,斯图加特维腾贝格图书馆。
第110页 《世界编年史》,"巴别塔的建造",慕尼黑巴伐利亚州图书馆。
第111页左 索尔斯伯里大教堂。
第111页右 吉拉尔·奥伦布,《祈祷书》,"巴别塔的建造",马里布,盖提博物馆。
第112—113页 《建造大教堂的工地》,菲利普·菲克斯绘。
第114—115页 博韦,《历史之鉴》,"教堂的建造",巴黎国家图书馆。
第115页 塔韦尼埃,《查理曼大帝编年史及征战史》,"修道院的奠基",布鲁塞尔阿尔伯特一世皇家图书馆。
第116页 《工地景象》,纽约皮蓬·摩根图书馆。

见证与文献

第117页 同一比例的康博罗内教堂、博韦大教堂及德方斯的博爱门。
第118页 《道德经》,"所罗门王历史、庙宇的建造",维也纳奥地利国家图书馆。
第119页 《罗姆洛斯创建罗马》,巴黎国家图书馆。
第120页 汉斯·伯布林格,《埃斯林格尔教堂正祭台图》,绘画,维也纳造型艺术学院。

第 121 页 《康斯坦茨大教堂盘梯正视图》，绘画，维也纳造型艺术学院。
第 123 页 《圣雅克朝圣者济贫院回廊拱门立视图》，绘画，巴黎，公共事业救济局档案馆。
第 124 页 1524 年斯特拉斯堡石匠住处的徽章。
第 125 页 圣奥古斯丁，《上帝之城》，“巴比伦城的建设”，斯特拉斯堡国立大学图书馆。
第 126 页 《埃诺编年史》，“砖石教堂工程”，布鲁塞尔阿尔伯特一世皇家图书馆。
第 128 页 《特洛伊城的重建》，巴黎国家图书馆。
第 129 页 《工地上的事故》，爱丁堡，苏格兰国家图书馆。
第 130 页 《胡斯圣经》，“砖石的制造”，伦敦大英图书馆。
第 131 页 迪博尔德·席林，《伯尔尼编年史》，“1191 年建伯尔尼城”，伯尔尼布格尔图书馆。
第 132 页 《玻璃的制造》，伦敦大英图书馆。
第 136 页 伊利大教堂八角形屋架模型，克劳斯勒摄。
第 137 页 阿皮亚，昆蒂利别墅，罗马。
第 138 页 布拉格的圣吉大教堂。
第 141 页 坎特伯雷大教堂。
第 143 页 沙特尔大教堂的拱扶垛。
第 144—145 页 1917 年轰炸过后的兰斯大教堂。
第 146 页 第一次世界大战前的兰斯大教堂正面图。
第 148 页 马里亚诺·塔科拉，《十类机械》，“摇摆起重机”，巴黎国家图书馆。
第 149 页 马里亚诺·塔科拉，《十类机械》，“建筑起重机”，巴黎国家图书馆。
第 150 页 多罗奈修道院回廊，瓦尔省。
第 152 页 巴黎圣母院大教堂正面南侧及西南塔楼图，贝尔纳·丰凯尔尼，历史遗迹处总建筑师。
第 153 页上 巴黎圣母院大教堂南塔楼拱扶垛损坏情况，历史遗迹处总建筑师贝尔纳·丰凯尔尼摄于 1988 年。
第 153 页下 巴黎圣母院大教堂，1992 年南塔楼拱扶垛翻修过程中重新启用磨石机器，格林公司摄。

图片授权

（页码为原版书页码）
Jean-Pierre Adam 105, 151. Aerofilms Ltd, Londres 59. Akademie der Bildenden Künste, Vienne 132, 133. Archives municipales de Strasbourg/E. Laemmel 40, 75d. Baumgardt Grossfotos/Stuttgart 121. Bayerische Staatsbibliothek, Munich 103, 122. Bibliothèque municipale, Chartres 45. Bibliothèque municipale, Dijon 50b. Bibliothèque municipale, Rouen 21. Bibliothèque nationale et universitaire, Strasbourg 120/121, 137. Bibliothèque royale Albert Ier, Bruxelles 4e plat, 42h, 127, 138. Bildarchiv Preußischer Kulturbesitz, Berlin 88. Bibliothèque nationale, Paris dos, 14/15, 18b, 19,23, 25, 28, 30/31 34,34/35, 58h, 68/69, 83, 84, 84/85, 86, 87d, 90, 97, 98, 102, 115, 118, 119h, 119b, 120, 126/127, 131, 140, 162, 163. Bodleian Library, Oxford 44. British Library, Londres 38, 38/39, 42b, 71, 91, 104b, 107, 114/115, 142, 144. Burgerbibliothek, Berne 110/113, 143. J.-L. Charmet, Paris 106d. C.N.M.H.S./ (c) Spadem 1993, Paris 102/103, 158, 159; B. Acloque 62/63; E. Revault 99, 164; Caroline Rose 116;Jean Feuillie 68, 96b. Conway Library/Courtauld Institute of Art, Londres, avec l'autorisation de Canon M. H. Ridgway 92d, 148. Conway Library/Courtauld Institute of Art, Londres 20/21. DIAF, Paris/B. Régent 64d; H. Gyssels et J.C. Pratt-D. Pries 48/49; H. Gyssels 46/47;J. Ch. Pratt-D. Pries, 56,

61d: J. P. Langeland 41. Droits réservés 14, 16/17,26/27, 31, 35,39,61g, 64g, 65, 66g, 67h, 67b, 78h, 80, 85, 87g, 94, 96h,101g, 106g, 117,129,135,136, 161, 166,167. E. Fievet, Chartres 69. Philippe Fix 124/125. Gallimard 32g, 33d, 33g, 47. Gallimard/ Belzeaux 54. Gallimard/Christian Kempf 1 à 9, 70. Gallimard/Erich Lessing 57, 82, 152, 157. Gallimard/François Delebecque 46g, 60. Gallimard/Jean Bernard 28/29, 43, 52g, 55. Gallimard/Patrick Horvais 78b. Gallimard/ Patrick Mérienne 18h. Germanisches National Museum, Nuremberg 73b, 50h, 51, 101d, 104h. Gesamthochschul-Bibliothek, Kassel 1er plat, 100. Giraudon, Paris 22/23. Julia Hedgecoe, Cambridge 89. Ch. Hémon/ Musées départementaux de Loire-Atlantique/ Musée Dobrée, Nantes 58b. A. F. Kersting, Londres 92g, 93, 95, 123g, 155. Magnum/ Erich Lessing, Paris 30, 66d. Jean Mesqui 22, 24/25b. Musée des Augustins, Toulouse 74. Musée des Beaux-Arts, Rouen 72. Musée royal de Beaux-Arts, Anvers 32d. Musées de la ville de Strasbourg 75g, 76/77. National Library of Scotland, Edimbourg 141. Royal Commission on the Ancient and Historical Monuments of Scotland, Edimbourg 79. Oronoz, Madrid 52d, 53. Österreichische Nationalbibliothek, Vienne 12, 108/109, 130. J. Philippot/ Inventaire général, Châlons-sur-Marne 36/37. Photothèque des Musées de la Ville de Paris/ (c) Spadem 1993 24/25h. Royal Commission on Historical Monuments, Londres 81. C. Seltrecht/Bibliothèque de l'Abbaye de Saint-Gall 13. Stadt Regensburg Museen, Ratisbonne 73h. The J. Paul Getty Museum, Malibu 11, 123d. The Pierpont Morgan Library, New York 128. Trinity College Library, Cambridge 26.

致谢

Les Éditions Gallimard remercient François Avril et Jean-Pierre Aniel, du Département des manuscrits de la Bibliothèque nationale, pour leur aide précieuse, ainsi que Jean-Pierre Adam et Jean Mesqui pour le prêt de documents.

原版出版信息

DÉCOUVERTES GALLIMARD
COLLECTION CONÇUE PAR Pierre Marchand.
DIRECTION Elisabeth de Farcy.
COORDINATION ÉDITORIALE Anne Lemaire.
GRAPHISME Alain Gouessant.
COORDINATION ICONOGRAPHIQUE Isabelle de Latour.
SUIVI DE PRODUCTION Géraldine Blanc.
SUIVI DE PARTENARIAT Marie Caner-Chabran.
RESPONSABLE COMMUNICATION ET PRESSE Valérie Tolstoï.
PRESSE David Ducreux.

QUAND LES CATHÉDRALES ÉTAIENT PEINTES
ÉDITION Frédéric Morvan.
ICONOGRAPHIE Suzanne Bosman.
MAQUETTE Vincent Lever.
LECTURE-CORRECTION Pierre Granet et Catherine Lévine.

译后记

如果我问您，您所见到的或是想象中的欧洲是一幅怎样的画卷，您的眼前会浮现出何种画面？是塞纳河、莱茵河，是伦敦、米兰抑或是威尼斯？而我相信，无论哪一条河流，无论哪一座名城，都会让您联想起与其历史名望紧密相连的诸多大教堂的风姿与倩影。巴黎圣母院、科隆大教堂、威斯敏斯特大教堂……熟悉的名字不胜枚举，熟悉的名字在文人骚客的笔下折射出无穷的魅力。然而，我们是否能读出辉煌名字背后的发展、变迁与斗争？

巍峨的大教堂，首先作为整体的建筑矗立在世人面前。每一块木板或每一块砖石，每一种色彩或每一种建筑风格与技巧都凝聚着无数能工巧匠的智慧与汗水。而其艺术与技术的日臻完善在建筑史上留下了重要一笔。因此，《神圣建筑的艺术》当然是一部建筑史。其丰富的史料和翔实的叙述将把您带入建筑艺术的殿堂，让您了解建筑师和能工巧匠们不朽的英名，同时也将给您讲述大教堂建造过程中鲜为人知的故事。

然而，教堂又非一般意义上的普通建筑。教堂的产生源于宗教文明；而不可否认，欧洲中世纪的社会发展史与宗教发展史息息相关。大教堂不正见证了欧洲社会的发展与变革吗？随着社会生产力的发展和劫掠时代的终结，西欧在政治、经济、文化包括建筑等诸多领域投入了一场深刻的变革之中。大教堂的身上自然带着变革的烙印。城市的发展和人口的迅速增长使大规模教堂的产生有了必要的基础。技术的发展使教堂由木结构发展成砖石结构，更有日后机械设施的运用为大教堂规模的扩展提供了技术可行性。

此外，与以前大为不同的是，这些建筑创造不再仅仅是权力机关的权限；相反，它集诸人智慧与意愿而成：从神职人员到政治家，从统治者到农民都参与其中。统治者、建筑师、出资人、神职人员和人民之间的种种关系也折射出当时社会在政治、经济与文化领域的发展状况。

因此，我衷心希望这本内容丰富的书能带您跨入建筑艺术的瑰丽殿堂，使雄伟的大教堂在您心目中具有了灵魂，而同时也能让您从中管窥到西欧历史发展的一斑。

译者

图书在版编目（CIP）数据

神圣建筑的艺术 / (法) 阿兰·埃尔兰德 - 布兰登堡（Alain Erlande-Brandenburg）著 ; 徐波译 . 一 北京 : 北京出版社 , 2024.7

ISBN 978-7-200-16100-7

Ⅰ . ①神… Ⅱ . ①阿… ②徐… Ⅲ . ①建筑艺术一欧洲一中世纪 Ⅳ . ① TU-881.5

中国版本图书馆 CIP 数据核字（2021）第 009445 号

策 划 人：王忠波　向　雳　　责任编辑：白　云　王忠波
责任营销：猫　娘　　责任印制：燕雨萌
装帧设计：吉　辰

神圣建筑的艺术
SHENSHENG JIANZHU DE YISHU
［法］阿兰·埃尔兰德 - 布兰登堡　著　徐波　译　曹德明　校

出　　版：北京出版集团
　　　　　北 京 出 版 社
地　　址：北京北三环中路 6 号　　邮编：100120
总 发 行：北京伦洋图书出版有限公司
印　　刷：北京华联印刷有限公司
经　　销：新华书店
开　　本：880 毫米 ×1230 毫米　1/32
印　　张：5.75
字　　数：168 千字
版　　次：2024 年 7 月第 1 版
印　　次：2024 年 7 月第 1 次印刷
书　　号：ISBN 978-7-200-16100-7
定　　价：68.00 元

著作权合同登记号：图字 01-2023-4215
Originally published in France as :
Quand les cathédrales étaient peintes by Alain Erlande-Brandenburg